普通高等教育"十四五"规划教材

高等农林教育"十三五"规划教材

普通高等教育"十一五"国家级规划教材《普通化学》配套教材

普通化学实验

General Chemistry Experiments

饶震红　赵士铎　主编

中国农业大学出版社

·北京·

内容简介

本书是根据教学需要，配合王红梅、赵士铎主编的《普通化学》而编写的配套实验教材。全书在强调基础训练的同时，根据农林院校的特点，注重实验内容与科研及生活实践相结合；注重实验绿色化；注重编排形式层次化。对于重要的基本操作、常用仪器的使用，不仅给出了文字和插图说明，还录制了相关视频并提供二维码，供读者学习参考。全书由实验基础知识和常规仪器的使用、无机物的提纯与制备方法、化学原理的验证、元素及其化合物的性质测定、综合设计实验等部分组成。

本书适合于高等农林院校生物类、动植物生产类、资源环境与食品科学类等专业使用，也可作为其他院校的参考书。

图书在版编目(CIP)数据

普通化学实验/饶震红，赵士铎主编．—北京：中国农业大学出版社，2019.8(2022.8 重印)
ISBN 978-7-5655-2218-5

Ⅰ．①普…　Ⅱ．①饶…②赵…　Ⅲ．普通化学-化学实验-高等学校-教材　Ⅳ．O6-3

中国版本图书馆 CIP 数据核字(2019)第 100916 号

书　　名　普通化学实验
作　　者　饶震红　赵士铎　主编

策划编辑　张秀环　　**责任编辑**　冯雪梅
封面设计　郑　川
出版发行　中国农业大学出版社
社　　址　北京市海淀区学清路甲 38 号　　**邮政编码**　100083
电　　话　发行部 010-62733489，1190　　读者服务部 010-62732336
编辑部 010-62732617，2618　　出　版　部 010-62733440
网　　址　http://www.caupress.cn　　**E-mail**　cbsszs@cau.edu.cn
经　　销　新华书店
印　　刷　北京溢漾印刷有限公司
版　　次　2019 年 8 月第 1 版　　2022 年 8 月第 2 次印刷
规　　格　787×1 092　　16 开本　　9.5 印张　　234 千字
定　　价　29.00 元

编 委 会

主　编　饶震红　赵士铎

副主编　张佩丽　王红梅　张　莉

编　者　饶震红　舒展霞　张佩丽　王红梅　张　莉
王金利　赵士铎

前　　言

化学科学是一门实验性极强的学科，因此在化学教学中，实验课占有非常重要的地位。化学实验课程旨在训练学生基本操作技能；培养其严谨、认真的科学态度和作风；提高其分析问题、解决问题的能力；引导学生仔细观察、记录、描述实验现象，练习如何正确控制化学反应条件；学习正确测定与处理实验数据的方法；巩固、深化对化学理论课中的重要原理和知识的理解。

本书是根据教学需要，配合王红梅、赵士铎主编的《普通化学》而编写的配套实验教材，二者共同组成一套大学一年级化学课的组合式教材，用时可分可合。本书适合于高等农林院校生物类、动植物生产类、资源环境与食品科学类等专业使用，也可作为其他院校的参考书。

全书在强调基础训练的同时，根据农林院校的特点，注重实验内容与科研及生活实践相结合，注重实验绿色化的要求，且注重编排形式层次化。内容主要包括：基本操作训练、无机物的提纯与制备方法、化学原理的验证、测定某些物理量、元素及其化合物的性质测定、综合设计实验等。对于重要的基本操作、常用仪器的使用，不仅给出了文字和插图说明，还录制了相关视频并提供二维码，供读者学习参考。

本书由中国农业大学饶震红和赵士铎主编，负责全书的编写设计和最后统稿。参加本次编写的还有中国农业大学张佩丽、舒展霞、王金利、王红梅、张莉。中国农业大学出版社为本书的顺利出版给予了大力支持，张秀环编辑为此书出版付出了辛勤的劳动。在此一并表示真挚的谢意。

由于时间仓促，编者水平有限，书中错误与不妥之处，恳请专家和广大读者批评指正。

编　者

2018 年 12 月于北京

目　录

第1章　普通化学实验基础知识

1.1　普通化学实验课的目的与学习要求

普通化学实验是普通化学教学中不可缺少的重要环节。著名化学家戴安邦教授对实验教学做过精辟的论述:化学实验教学是实施全面化学教育的最有效的教学形式。

1.1.1　通过普通化学实验教学,力争达到以下目的

(1)加深对普通化学基本理论和基础知识的理解与掌握。

(2)正确掌握普通化学实验的基本操作方法和技能技巧,为后续课程的学习和研究打下良好的基础。

(3)培养学生独立进行实验、细致观察、及时并如实记录实验现象、正确处理实验数据得出结论和准确地运用化学语言科学规范地撰写实验报告的能力。

(4)培养学生实事求是的科学态度和认真细致的工作作风,建立科学的逻辑思维方法。

(5)培养学生乐于合作、勤奋不懈、开拓创新等科学品德和科学精神。

1.1.2　学生在学习普通化学实验课程时应做到

1.实验课前应充分预习

实验前预习是必要的准备工作,是做好实验的前提。预习时要求认真阅读实验教材及相关参考资料,理清实验目的和原理、熟悉实验内容、掌握实验方法、关注实验中相关的注意事项,对实验装置、实验步骤做到心中有数。实验前要认真写预习报告,不仅包括简要的实验步骤与操作、实验数据记录表格、定量实验的计算公式,还要为记录实验现象和测量数据留出充足的位置。

2.实验过程中注重规范操作

实验过程中应做到以下几点:

(1)认真规范操作,细致观察,及时、如实地将实验现象、数据记录在预习报告上。

(2)在实验中遇到疑问或"反常现象",应认真分析操作过程,查找原因,不要盲目重做或放弃,学会分析问题和解决问题。

(3)对于设计性实验,方案要合理,现象要清晰。若实验中发现方案存在问题,找出原因,及时修改方案。

(4)实验过程中,应保持肃静,遵守实验室规则,并保持桌面的布局合理,环境整洁。

(5)实验结束,所得实验数据经指导老师签字认可后,方可离开实验室。

3.实验结束如实书写实验报告

实验报告是对每次实验的概括和总结，必须认真、如实地书写。实验报告一般应包括：实验目的、简明扼要的实验原理、实验步骤（尽量用表格、框图、符号表示）、实验现象和数据记录（表达正确、记录完整）、解释（结论或数据计算）以及实验讨论（心得体会、改进方案等）。不能用铅笔书写实验报告，应字迹端正、整齐清洁。

下面列出几种常用实验报告格式，以供参考。

普通化学测定实验报告

实验名称：____________________ 室温：____________ 气压：____________

班级：________________ 姓名：______________ 日期：______________

一、实验目的

二、实验原理

三、数据记录和结果处理

四、问题与讨论

指导老师签字：__________

普通化学制备实验报告

实验名称：____________________ 室温：__________ 气压：__________

班级：________________ 姓名：______________ 日期：______________

一、实验目的

二、实验原理

三、实验过程及实验现象

四、实验结果

产品外观：

产量：

产率(含量或纯度)：

五、问题与讨论

指导老师签字：__________

普通化学性质实验报告

实验名称：______________________ 室温：____________ 气压：____________

班级：____________________ 姓名：________________ 日期：________________

一、实验目的

二、实验原理

三、实验内容

实验步骤	实验现象	解释和反应式

四、实验结论

五、问题与讨论

指导老师签字：__________

1.2 普通化学实验课安全知识

1.2.1 普通化学实验室规则

为了保证普通化学实验安全有序地进行，进入实验室的人员必须严格遵守实验室规则。

(1)实验室工作人员和进入实验室的学生及教师，应爱护国家财产，遵守实验室各项规章制度。

(2)按时到规定的实验室进行实验，不得无故缺席、迟到或早退。

(3)实验前，应当按要求预习实验内容，明确实验目的和要求；实验时，经指导教师检查预习合格后，方可开始做实验准备。在开启实验设备或使用实验仪器前，需经指导教师检查同意后，方可正式开启或使用。

(4)实验中，要严格遵守操作规程，时刻注意安全。仪器设备或实验器具损坏时，要及时报告，查明原因。凡属违反操作规程导致仪器设备或实验器具损坏的，要追究责任，并按规定赔偿。

(5)实验时要集中精神，认真操作，仔细观察实验现象，及时、如实记录实验数据和实验结果。不准弄虚作假。

(6)实验结束后，应物归原处，借物归还，不得擅自将实验室内物品带走；清洁实验台面。

(7)每次实验完毕，实验数据要经过指导老师审阅、签字，并按教师规定的时间认真完成实验报告。

(8)实验后，学生轮流值日，负责打扫卫生和整理实验室，检查水龙头、煤气开关、门、窗是否关紧，电闸是否拉下，以保持实验室的整洁和安全。教师检查合格后方可离去。

(9)未正常参加实验的学生需要补做实验。

(10)学生需进入开放实验室做自己设计的实验时，应事先和有关实验室联系，报告自己的实验目的、内容和所需实验仪器设备，经同意后，在实验室安排的时间进行实验。

1.2.2 普通化学实验室安全守则

(1)进入实验室不得穿拖鞋、短裤等裸露皮肤较多的服装。做实验时穿长袖实验服。

(2)不得将食物、饮品带入实验室，严禁在实验室内饮食、吸烟。实验完毕，洗净双手再离开实验室。

(3)禁止用湿的手、物触摸电源，谨防触电。水、电、气使用完毕，立即关闭水龙头、拉下电闸，拧紧燃气阀门。点燃的火柴用完立即熄灭，不可乱扔。

(4)禁止随意混合各种化学药品，以免发生意外事故。

(5)所有药品、标样、溶液都应有标签。绝对不要在容器内转入与标签不相符的物品。

(6)稀释浓硫酸时，必须在硬质耐热烧杯或锥形瓶中进行，只能将浓硫酸慢慢地注入水中，边倒边搅拌，温度过高时，应等冷却或降温后再继续进行，严禁将水倒入浓硫酸中。

(7)易燃溶剂加热时，必须在水浴或沙浴中进行，避免明火。实验中易燃、易爆、有毒废液应倒入指定容器中，并及时集中处理。

(8)加热或倾斜液体时，切勿俯视容器，以免液滴飞溅造成伤害。

(9)嗅闻气体时应用“招气入鼻法”,即面部远离容器,用手轻拂气体扇向鼻孔。

(10)实验室所有的药品不可带离实验室。用剩的有毒药品必须全部交还给老师。

1.2.3 普通化学实验课室“三废”处理

根据绿色化学的基本原则,化学实验室应尽可能选择对环境无毒害、少毒害的实验项目。对于某些实验中确实无法避免而产生的废气、废液、废渣(又称三废),如果不加处理而直接排放到大气或者下水道,不仅污染周围的大气、水源、土壤和环境,造成公害,而且三废中某些有用的或者贵重成分未能回收,在经济上也是损失。因此,实验中产生的三废,应根据它们的特性,采用相应的方法进行处理。

1. 实验室废气处理

产生或使用少量有毒气体的实验应在通风橱里进行,通过排风设备将有毒气体排放到室外,在大气中稀释,以免污染室内空气。对一些污染严重的实验应选择微型实验,减少废气的量。产生毒气量大的实验则必须备有吸收或处理装置,如 CO_2、SO_2、H_2S、Cl_2、HF 等可用导管通入碱液中,使其尽可能被吸收后再排出;CO 可点燃转化成 CO_2 再处理;可燃性有机废液可在燃烧炉中同氧气完全燃烧后再处理。

2. 实验室废液处理

①废酸、废碱采用中和的方法,用水稀释后排入污水管道。处理过程中若有废渣产生,可埋于地下。②一般的盐溶液直接排放,含有有毒离子的盐溶液进行化学转化后稀释排放。含有贵重金属离子的溶液,采用还原处理后回收。③含铬废液量较大的是废铬酸洗液。失效的铬酸洗液可浓缩冷却后,用高锰酸钾氧化法使其再生,重复使用。废铬酸洗液可用废铁屑还原残留的 Cr^{6+} 至 Cr^{3+},再用废碱液中和成低毒的 $Cr(OH)_3$ 沉淀。④含氰化物的废液用氢氧化钠调节 pH 到 10 以上,再加入 3%的高锰酸钾溶液使 CN^- 氧化分解。CN^- 含量高的废液可用碱性氯化法处理。先用碱调节 pH 到 10 以上,再加入漂白粉,使 CN^- 氧化成氰酸盐,并进一步分解为二氧化碳和氮气。⑤含有重金属离子的废液,可加碱或硫化钠将重金属离子转化成难溶性的氢氧化物或硫化物沉淀,过滤分离,残渣集中分类,统一存放处理。⑥汞洒在地上,应及时用硫黄处理,并深埋地下。

3. 实验室废渣处理

实验中出现的固体废弃物不能随便乱扔乱放,以免发生意外。对有毒的废渣应及时处理。对少量高危险物质(如放射性废弃物等),可将其通过物理或化学的方法进行固化,再进行深地填埋。一般的固体,可集中定期处理。有价值的可进行回收处理,少量无价值的可进行焚烧处理或深埋。填埋场地必须远离水源,场地底土不透水、不能穿入地下水层。

1.2.4 普通化学实验室意外事故紧急处理

1. 创伤

伤处不能用手抚摸,也不能用水冲洗。若是由玻璃片造成的外伤,首先检查伤口内有无玻璃片,以防压迫止血时将碎玻璃片压深。若有玻璃片,先用镊子将玻璃片取出,再用消毒棉花和硼酸溶液或双氧水洗净伤口,再涂上红汞或碘酒(两者不可同时使用),用绷带包扎。若伤口较深,流血不止,可在伤口位置上方约 10 cm 处用纱布扎紧,压迫止血,并立即送往医院。

2.烫伤

用自来水冲洗被烫伤的地方,观察是否有水泡,在有水泡出现之后尽量不要碰它,首先观看水泡的大小和厚度,如果比较薄,可以戳破,使用消毒后的针在水泡中扎1个孔,再用消毒棉签将渗出来的水轻轻擦干。然后再使用烫伤膏,在伤口处涂抹,用干净纱布包扎。

3.灼伤

(1)若试剂进入眼中,切不可用手揉眼,应先用抹布擦去溅在眼外的试剂,再用水冲洗。若是碱性试剂,需再用饱和硼酸溶液或2%醋酸溶液冲洗;若是酸性试剂,需先用碳酸氢钠稀溶液冲洗,再滴入少许蓖麻油。

(2)强酸灼伤时,应先用大量水冲洗,再用饱和碳酸氢钠溶液或肥皂液进行洗涤。但是,当皮肤被草酸灼伤时,不宜使用饱和碳酸氢钠溶液进行中和,应当使用镁盐或钙盐进行中和。

(3)强碱灼伤时,应尽快用水冲洗至皮肤不滑为止,再用2%醋酸溶液或饱和硼砂溶液洗。但是,当皮肤被生石灰灼伤时,应先用油脂类的物质除去生石灰,再用水冲洗。

(4)液溴灼伤时,用苯或甘油洗涤伤口,再用水冲洗。眼睛受到溴蒸气刺激不能睁开时,可对着盛酒精的瓶内注视片刻。

(5)当皮肤被酚类化合物灼伤时,应先用酒精洗涤,再涂上甘油。

(6)磷灼伤时,用1%硝酸银、5%硫酸铜或浓高锰酸钾溶液洗涤伤口,然后用浸过硫酸铜的绷带包扎。

4.吸入刺激性或有毒气体

吸入氯气、氯化氢等气体时,可吸入少量乙醇和乙醚的混合蒸气来解毒;吸入硫化氢、一氧化碳等气体感到不适时,应立即到室外呼吸新鲜空气。

5.中毒

毒物进入口内时,内服稀硫酸铜溶液,用手指伸入咽喉催吐后,立即送往医院。

6.触电

立即切断电源。必要时进行人工呼吸。

7.起火

实验室起火或爆炸时,要立即切断电源,移开尚未燃烧的可燃物,根据起火或爆炸原因及火势采取不同方法灭火并及时报告。①地面或实验台面着火,火势小时,可用湿抹布或沙土扑灭。②反应器内着火,可用灭火毯或湿抹布盖住瓶口灭火。③有机溶剂和油脂类物质着火,火势小时,可用湿抹布或砂土扑灭,或撒上干燥的碳酸氢钠粉末灭火;火势大时,必须用二氧化碳灭火器、泡沫灭火器或四氯化碳灭火器扑灭。④电起火,立即切断电源,用二氧化碳灭火器或四氯化碳灭火器灭火(四氯化碳蒸气有毒,应在空气流通的情况下使用),不可使用泡沫灭火器,以免触电。⑤衣服着火时,切勿惊慌乱跑,应迅速脱衣,或用石棉布覆盖着火处;若火势过猛,应就地卧倒打滚灭火。伤势较重者,应立即送往医院。

1.3 实验室试剂知识及用水类别

1.3.1 常用化学试剂的分类

化学试剂是指在化学实验、化学分析、化学研究及其他试验中使用的各种纯度等级的单质或化合物（也可以是混合物）。实验室常用的化学试剂种类繁多，其分类的方法也较多。如按状态可分为固体试剂、液体试剂；按类别可分为无机试剂、有机试剂；按用途可分为通用试剂、专用试剂；按性能又可分为危险试剂、非危险试剂等。

从试剂的储存和使用的方便、安全性考虑，常按类别和性能两种方法对试剂进行分类：

1. 无机试剂和有机试剂

无机试剂可分为盐类、单质、氧化物、碱类、酸类；有机试剂根据官能团的不同可分为烃类、烃的衍生物（醇、醛、酮、酸、醚、酯）、碳水化合物、含氮化合物、指示剂等。

2. 危险试剂和非危险试剂

此分类方法既注意实用性，又考虑试剂的特征性质。所以，既便于安全存放，又便于实验工作者在使用时遵守安全操作规则。

非危险试剂可分为以下几类：①光不稳定的试剂，指受紫外光线的影响，易引起试剂本身分解变质，或促使试剂与空气中的成分发生化学变化的物质，如硝酸、硝酸银、硫化铵、硫酸亚铁等。②热不稳定的试剂，多为生物制品及不稳定的物质，在高气温中就可发生分解、发霉、发酵作用，有的常温也如此，如硝酸铵、碳铵、琼脂等。③易冻结试剂，其熔点或凝固点都在气温变化以内，当气温高于其熔点，或下降到凝固点以下时，则试剂由于熔化或凝固而发生体积的膨胀或收缩，易造成试剂瓶的炸裂，如冰醋酸、晶体硫酸钠、晶体碘酸钠以及溴的水溶液等。④易风化试剂，这类试剂本身含有一定比例的结晶水，通常为晶体。常温时在干燥的空气中可逐渐失去部分或全部结晶水变成粉末，使用时不易掌握其含量，如结晶碳酸钠、结晶硫酸铝、结晶硫酸镁、胆矾、明矾等。⑤易潮解试剂，这类试剂易吸收空气中的潮气（水分）产生潮解、变质、外形改变、含量降低甚至发生霉变等，如氯化铁、无水乙酸钠、甲基橙、琼脂、还原铁粉、铝银粉等。

危险试剂可分为以下几类：①易燃试剂，是指在空气中能够自燃或遇其他物质容易引起燃烧的化学物质。如易自燃的黄磷、遇水燃烧的钾、钠、碳化钙、易燃液体（苯、汽油、乙醚等）、易燃固体（硫、红磷、铝粉等）。②易爆试剂，是指受外力作用发生剧烈化学反应而引起燃烧爆炸，同时能放出大量有害气体的化学物质，如氯酸钾等。③强毒性试剂，是指对人或生物以及环境有强烈毒害性的化学物质，如氰化钾、甲醇、汞、三氧化二砷等。④强氧化性试剂，是指对其他物质能起氧化作用而自身被还原的物质，如过氧化钠、高锰酸钾、重铬酸铵、硝酸铵等。⑤腐蚀性试剂，是指具有强烈腐蚀性，对人体和其他物品能因腐蚀作用发生破坏现象，甚至引起燃烧、爆炸或伤亡的化学物质，如强酸、强碱、无水氯化铝、甲醛、苯酚、过氧化氢等。

根据国家标准及部颁标准，我国生产的化学试剂（通用试剂）按其纯度和杂质含量的高低可分为四个等级：

优级纯（Guaranteed reagent，GR，绿标签）：主成分含量、纯度很高，适用于精确分析和研究工作，有的可作为基准物质。

分析纯（Analytical reagent，AR，红标签）：主成分含量很高、纯度较高，干扰杂质很低，适用于工业分析及化学实验。

化学纯（Chemical pure，CP，蓝标签）：主成分含量高、纯度较高，存在干扰杂质，适用于化学实验和合成制备。

实验级别（Laboratory reagent，LR，黄标签）：主成分含量高，纯度较差，杂质含量不做选择，只适用于一般化学实验和合成制备。

随着科技的发展，对化学试剂的纯度要求越来越高，越来越严格，因此出现了某一方面需要的特殊规格试剂，如“生化试剂”“色谱试剂”“高纯试剂”等，其中“高纯试剂”又可分为高纯、超纯、光谱纯试剂等。

此外，还有在工业生产中大量使用的化学工业品以及可供食用的食品级试剂等。

1.3.2 常用化学试剂的储存

对于某些不稳定化学试剂，在存放过程中常常会因保管不当而变质，所以必须根据药品的不同性质，分别采取相应的措施存放。

首先，经光照或者受热易变质的试剂需要用棕色瓶盛装，并存放于阴凉处，如浓硝酸、硝酸银、过氧化氢等；白磷在空气中能自燃，且有毒，应保存在盛冷水的塑料瓶中；金属钠则应保存在液体石蜡或者煤油中，且应与酸、醇、氧化剂隔离存放；对于挥发性物质、易吸湿药品、易风化药品和易碳酸化药品都要密封盖紧，用石蜡等封口密封，并经常检查封口的严密性，如盐酸、氢氧化钠、明矾等；碱性溶液应该盛装在带有橡胶塞的玻璃瓶或者塑料瓶中，而浓硝酸和浓硫酸等要盛装在带玻璃塞的试剂瓶中。

有毒有害危险品的储存应遵循以下原则：遇火、遇热、遇潮能引起燃烧、爆炸或发生化学反应，产生有毒气体的化学危险品不得在露天或在潮湿、积水的建筑物中贮存；受日光照射能发生化学反应引起燃烧、爆炸、分解、化合或能产生有毒气体的化学危险品应贮存在一级建筑物中，其包装应采取避光措施；爆炸物品不准和其他类物品同贮，必须单独隔离限量贮存，仓库不准建在城镇，还应与周围建筑、交通干道、输电线路保持一定安全距离。易燃液体、遇湿易燃物品、易燃固体不得与氧化剂混合贮存，具有还原性氧化剂应单独存放；有毒物品应贮存在阴凉、通风、干燥的场所，不要露天存放，不要接近酸类物质；腐蚀性物品，包装必须严密，不允许泄漏，严禁与液化气体和其他物品共存。

1.3.3 实验室用水类别

化学实验中所用的水必须是纯化的水。国家标准 GB/T6682—2008 中明确规定了实验室用水的级别：一级水、二级水和三级水。一级水用于有严格要求的分析试验，包括对颗粒有要求的试验，如用于高效液相色谱分析、气相色谱、电感耦合等离子体光谱等。二级水用于无机痕量分析等试验，如原子吸收光谱分析、配制缓冲溶液等。三级水用于一般化学分析试验、冲洗玻璃器皿等。

实验室常见用水的种类有：蒸馏水、去离子水、反渗水和超纯水。蒸馏水为实验室最常用的水，它是将水蒸馏、冷凝得到的水。蒸馏设备成本低，操作简单，但耗能高、费水、慢，并且水中挥发性杂质无法去除，所以应用逐渐减少。去离子水是将水通过阴阳离子交换树脂去除水中的阴离子和阳离子。由于去离子水中的离子数可以人为控制，所以它的电阻率、溶解度、腐蚀性、病毒细菌等物理、化学及病理指标均可以良好的控制，因此在工业生产及实验室中的使用越来越广泛。反渗水的生成原理是水分子在压力的作用下，通过反渗透膜变为纯水，水中的杂质被反渗透膜截留排除，能有效去除水中的溶解盐、胶体、细菌、病毒和大部分有机物等杂质。超纯水是将水中的导电介质几乎完全去除，又将水中不离解的胶体物质、气体及有机物均去除到很低程度的水，其电阻率大于 18 MΩ·cm，或接近极限值 18.3 MΩ·cm(25℃)。在实验中，应根据需要选择用水，不应盲目追求水的纯度。

第2章　普通化学实验常用仪器

2.1　普通化学实验一般仪器

成功完成普通化学实验要在正确方法指导下选择恰当的实验工具，安全、方便、准确是选择仪器的原则。玻璃具有很高的化学稳定性、热稳定性，透明度、机械强度较高，绝缘性能出色，因而普通化学实验大量使用玻璃仪器。

按玻璃的材质，玻璃仪器可分为软质玻璃和硬质玻璃两类。硬质玻璃也称为高硼硅玻璃，耐高温、高压和腐蚀，机械强度高，导热性好，用这种材料制造的仪器可以加热到600℃，如烧杯、试管、蒸馏烧瓶等。软质玻璃也称为普通玻璃，硬度和热稳定性差，软化温度低，透明度好，易于加工，常用于制造不直接受热的仪器，如滴定管、移液管、量筒、试剂瓶等。

按仪器使用的用途，普通化学实验一般仪器可以分为容器类仪器、量器类仪器和其他类型仪器。量器类仪器诸如量筒、滴定管、容量瓶和移液管等是用来度量液体体积的器材，使用时不能加热、不能作为化学反应仪器使用、不能盛放和量取太热或太冷的液体。容器类仪器诸如试管、烧杯、锥形瓶、滴瓶、称量瓶、细口瓶、广口瓶，是储存和物质间进行反应的器材。特别注意氢氟酸强烈地腐蚀玻璃，不能用玻璃仪器进行含有氢氟酸的实验。普通化学实验常用的一般仪器的规格及使用注意事项见表2-1-1。

表2-1-1　普通化学实验常用的一般仪器的规格及使用注意事项

仪器	规格	用途	使用注意事项
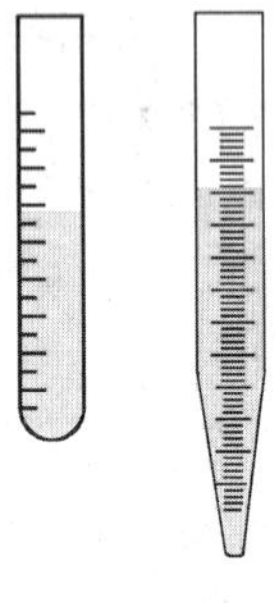 试管　离心管	有硬质和软质两种质地，分为普通试管和离心管，有刻度和无刻度之分。试管规格以管外径(mm)×管长(mm)表示：10×100/15×150…；离心管规格以容量(mL)表示：5/10…	1. 少量试剂的反应容器 2. 少量气体的收集器 3. 离心管用于沉淀分离	1. 硬质试管可以直接在火焰上加热，加热时外壁擦干，管口不得对人，离心管在水浴加热 2. 反应时试管内溶液体积不得超过管容积的1/2，加热时试管内溶液的体积不得超过容积的1/3

续表 2-1-1

仪器	规格	用途	使用注意事项
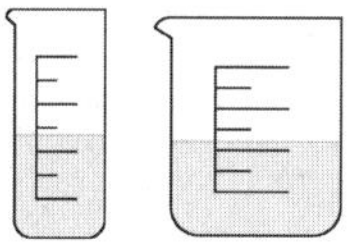 烧杯	分为硬质和软质，有高型和低型之分。规格按容量（mL）分为：50/100/250/500/…	1. 用作反应容器 2. 配制溶液 3. 可进行煮沸、蒸发浓缩等操作 4. 简易水浴	1. 加热前外壁要擦干，先放溶液后加热，不得干烧 2. 反应液体积不超过烧杯容量的 2/3
 称量瓶	分为高型和扁型两种，规格常以外径（mm）×高（mm）表示：25×40（高型）；40×25（扁型）	准确称量固体样品	1. 不能直接加热 2. 磨口塞要配套 3. 称量时不能直接用手拿取 4. 不用时在磨口处垫上纸片
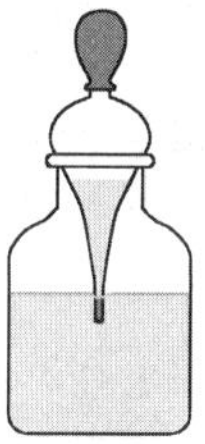 滴瓶	分为塑料和玻璃两种。有棕色和无色之分，常用规格（mL）：30/60/125	盛放滴加的溶液	1. 不能直接加热 2. 不能作反应容器 3. 使用时滴管垂直滴加，不可倒置 4. 磨口塞配套使用 5. 棕色瓶盛放见光易分解的溶液，存放碱溶液用塑料瓶
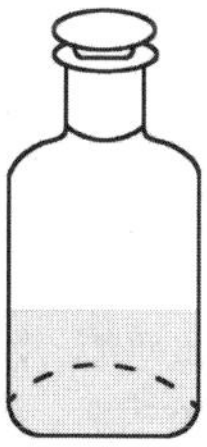 细口瓶	磨口的玻璃容器有棕色和无色。常见规格以容量（mL）表示：100/250/500/1000…	存放液体试剂和储存溶液	1. 不能直接加热 2. 磨口塞要原配，并保持洁净，取用试剂时，瓶塞要倒放在桌上，不用时在磨口处垫上纸片 3. 不能在细口瓶中配溶液 4. 盛放碱溶液的瓶子用橡皮塞
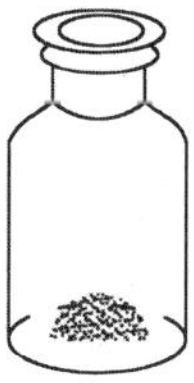 广口瓶	玻璃容器，有无色和棕色 2 种，磨砂瓶口。规格以容量（mL）表示：30/60/125…	用于盛放固体试剂，棕色瓶用于盛放需避光保存的试剂	1. 不能用于加热 2. 磨口塞有磨砂，不能盛放强碱性试剂。瓶塞要倒放在桌上，不用时在磨口处垫上纸片

续表 2-1-1

仪器	规格	用途	使用注意事项
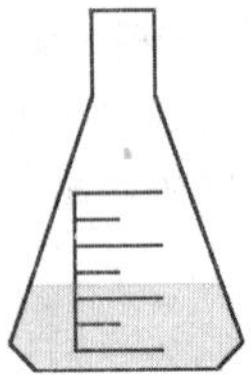 锥形瓶	分为硬质和软质，磨口具塞和无塞。常见规格(mL)：50/150/250/500	1.滴定分析用容器 2.加热处理样品 3.反应容器、接收器	1.反应液体积不超过锥形瓶容量的 2/3 2.加热时外壁擦干，不可干烧，受热要均匀
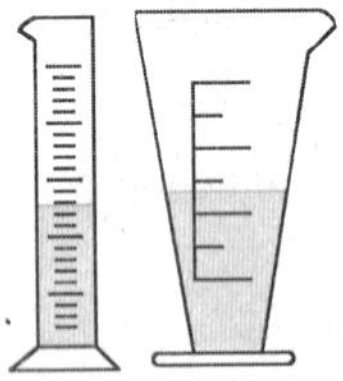 量筒　量杯	分为玻璃和塑料两种，上口大下口小的称为量杯。常见规格(mL)：5/10/25/50/100/250/500/1000	粗略地量取一定体积的液体	1.不可以加热 2.不能作为反应容器 3.不能量取热溶液 4.不能在烘箱中烘烤
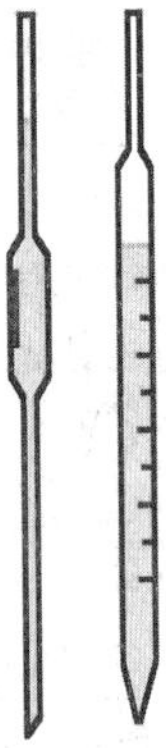 移液管　吸量管	分为单刻度大肚型和分刻度管型 2 种。以所量液体最大体积(mL)表示，常见规格：1/2/5/10/25/50	用于精确地移取一定体积的溶液	1.不可直接加热或移取热溶液 2.移取溶液前要用被移取液润洗 3 次 3.管口无“吹”字，使用时末端的溶液不吹出
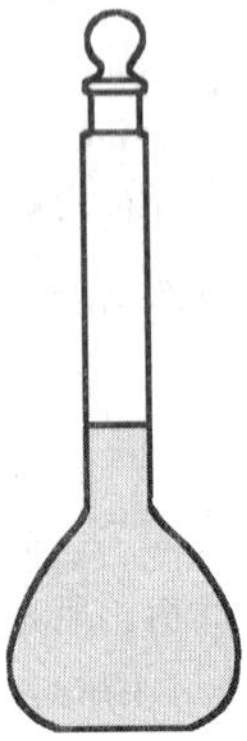 容量瓶	玻璃制品，分为无色和棕色 2 种。有磨口塞和塑料塞 2 种。以刻度以下的容积(mL)表示，常见规格：25/50/100/250/500/1000	准确配制一定浓度的溶液、准确地稀释溶液	1.不能加热 2.不能用毛刷刷 3.瓶塞配套使用，注意清洁 4.不用时在磨口处垫上纸片 5.不能代替试剂瓶存放溶液 6.不能将固体放入容量瓶中溶解

续表 2-1-1

仪器	规格	用途	使用注意事项
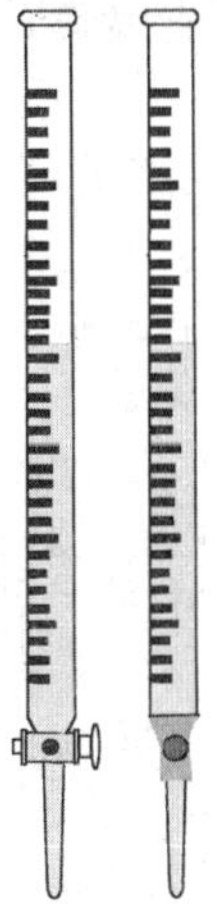 滴定管	分为酸式滴定管、碱式滴定管及酸碱通用型 3 种，有无色和棕色之分。常见规格按刻度最大标度（mL）有：25/50，还有微量管（mL）：1/2/3/4	1. 常量分析的滴定操作 2. 准确地量取一定体积的溶液	1. 不能量取热液体 2. 使用时排除气泡 3. 使用前用量取的溶液润洗 4. 酸管磨口活塞要配套，长期不用时要在磨口处垫上纸片 3. 除通用型外，酸碱管不可互换使用
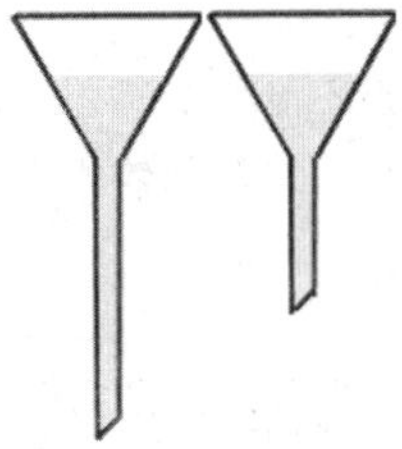 长颈和短颈漏斗	玻璃或塑料材质，有长颈和短颈之分。规格以口径（mm）表示：50/60…	沉淀和溶液分离或者倾注液体	不能直接加热
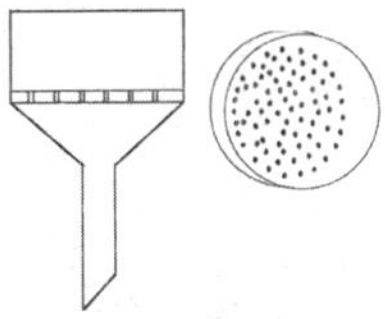 布氏漏斗	陶瓷仪器，常见规格以直径（mm）表示：40/60/80 …/350	与抽滤瓶配合使用，进行减压过滤，分离晶体和粗颗粒沉淀	1. 不能直接加热 2. 使用前准备好大小合适的滤纸，盖住所有的孔洞，并且滤纸的直径略小于漏斗内径
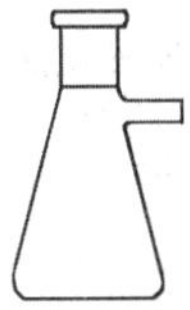 抽滤瓶	玻璃制品，有上嘴和上下嘴 2 种。规格以容量（mL）表示：250/500/1000	与布氏漏斗配合使用，进行减压过滤，分离晶体和粗颗粒沉淀	抽滤完毕，先打开安全瓶的活塞，再关抽气泵
 点滴板	瓷质，有白色和黑色 2 种。按凹穴多少分为 4 穴、6 穴和 12 穴	生成少量沉淀或显色现象的反应器皿	不能加热，用后及时清洗

续表 2-1-1

仪器	规格	用途	使用注意事项
 研钵	有瓷制、玻璃、玛瑙、氧化铝制品。规格用口径(mm)的大小表示：60/90/130…	用于研磨固体物质或进行固体物质的混合	1. 研磨不能捣碎，只能碾压 2. 不能研磨易爆炸的物质 3. 根据物质的硬度和性质选择恰当材质的研钵 4. 放入量不宜超过钵容积的 1/3
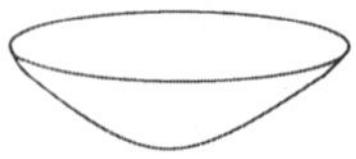 表面皿	玻璃制品，规格常以口径(mm)大小表示：45/60/75…	用于盖住器皿表面，防止灰尘落入或液体溅出。作为容器暂时存放固体、pH 试纸等	不能直接加热
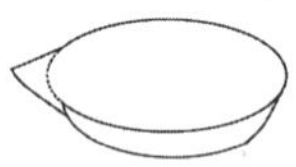 蒸发皿	有瓷质、玻璃、石英及铂制品，分为圆底和平底。规格以口径(mm)或容量(mL)表示：60/70…	蒸发浓缩液体	1. 用火直接加热蒸发时要擦干外壁 2. 加热后不能骤冷 3. 蒸发皿内溶液的体积不得超过容积的 2/3
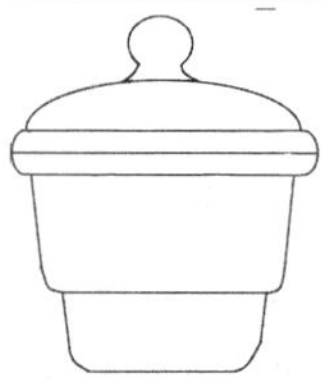 干燥器	有普通干燥器和真空干燥器。规格以直径(mm)表示：150/180/210…	内放干燥剂，存放易受潮的试样，保持灼烧或烘干的物质干燥	1. 盖子磨口涂有凡士林油，容易滑动打碎 2. 灼烧后的样品稍冷再放入 3. 注意观察干燥剂是否失效
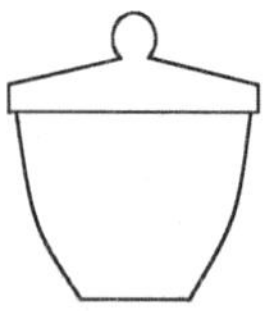 坩埚	有瓷质、石英和金属等制品。规格以容积(mL)表示：10/15/25…	熔化和精炼金属液体，灼烧固体物质 固体和液体反应的容器	1. 加热后不能骤冷 2. 用坩埚钳取放加热的坩埚 3. 灼烧前须缓慢预热
 坩埚钳	不锈钢制品，有大小、长短不同	高温炉中取放坩埚，或夹持坩埚加热	1. 使用的坩埚钳必须干净 2. 夹持热坩埚前，应先将坩埚钳的前端预热 3. 坩埚钳用毕，钳尖应向上放在桌面或石棉网上 4. 夹取坩埚和坩埚盖时力量要轻

续表 2-1-1

仪器	规格	用途	使用注意事项
 燃烧匙	由铁杆和铜质小勺铆合而成	盛放可燃性固体物质作燃烧实验反应器	1. 可以直接加热 2. 在使用时,如果匙中的物质能和铁、铜反应,应在匙底部盛放1层细沙
 三脚架	铁制品,有高低、大小之分。用本生灯加热时用高脚的三脚架,用酒精灯加热时用低矮的三脚架	与石棉网和泥三脚配合使用,对烧杯、蒸发皿加热或对坩埚灼烧	使用时要选择稳固的位置,保证加热的容器放平稳,而且加热灯焰的位置要合适
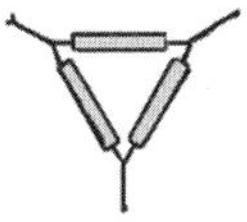 泥三角	以耐热陶瓷管和铁线缠绕而成的三角形支撑物,有大小之分	灼烧坩埚时支撑坩埚	1. 不能猛烈撞击,以免损坏瓷管 2. 使用前检查铁丝是否断裂
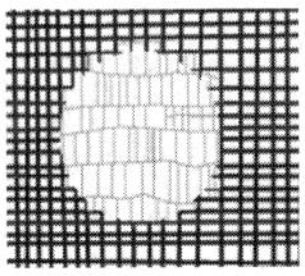 石棉网	铁丝网夹着1张石棉水浸泡后晾干的棉布制成。规格以边长(mm)×边长(mm)表示:150×150…	使加热容器均匀受热	1. 不可与水接触 2. 不可打折弯曲

2.2　玻璃仪器的洗涤与干燥

2.2.1　仪器洗涤

化学实验中干净的玻璃仪器有利于实验者观察到正确的实验现象,归纳、推理出正确的实验结论。化学实验结束后,所用玻璃仪器应立即清洗。因为实验者清楚当时污物的性质,以便采取合适的方式清除;另外也为下次实验做好准备。选择合适的洗涤剂,正确及时洗涤玻璃仪器,对于化学实验特别重要。

玻璃仪器内壁清洗干净的标准是器壁内出现均匀水膜,既不聚成水滴,也不成股流下。玻璃仪器的洗涤方法有很多,包括水洗、洗涤剂洗、铬酸洗液洗、超声波清洗以及一些特殊物质的去除方法等,应根据实验的要求、污物的种类和性质、沾污的程度以及仪器的精密度、仪器的类型和形状等来选择对应的洗涤方法。

1. 水洗

仪器上附着的尘土、可溶性物质和容易脱落的不溶性物质，可以用振荡洗涤或借助毛刷用水洗涤去除(图 2-2-1)。

对于量筒、烧杯、试管、试剂瓶等普通玻璃仪器，先将仪器润湿，再选用大小、形状合适的毛刷，转动毛刷来回柔力地刷洗仪器的内外壁(清洗内壁时不是来回蹭)，之后用自来水冲洗，冲洗后仪器内壁若均匀附着一层液膜，水珠不挂壁，则说明仪器清洗干净；若仪器内壁有水滴附着，内壁上水成股流下，说明未清洗干净，应重新清洗，直至干净。最后用蒸馏水淋洗 3 次。

(A)振荡洗涤

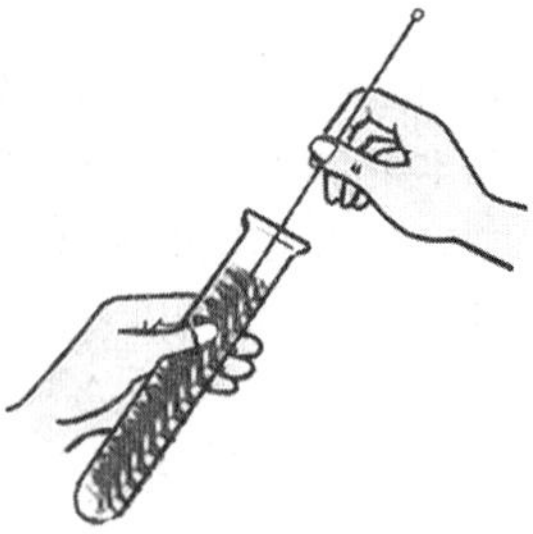

(B)刷洗

图 2-2-1 仪器洗涤

2. 洗涤剂洗

油污和有机物质可用洗涤剂洗涤去除，最常用的洗涤剂有去污粉、肥皂、洗衣粉等。先将要洗的玻璃仪器用自来水冲洗，然后选用合适的毛刷蘸取少量的去污粉、肥皂或合成洗涤剂在仪器的内外壁上擦洗，之后用自来水冲洗，检验是否清洗干净，最后用蒸馏水淋洗仪器 3 次。

3. 铬酸洗液洗涤

对于比较顽固的油污或者有机物质，或者一些形状特殊、容积精确、刻度精密的玻璃仪器，如容量瓶、滴定管、移液管等，常用铬酸洗液洗涤。

铬酸洗液是由重铬酸钾和浓硫酸配制而成的，称取重铬酸钾 10 g 于烧杯中，加入热水 30 mL，溶解后冷却，一边搅拌一边慢慢地加入 170 mL 浓硫酸，新配制的洗液为红褐色，氧化能力很强。当洗液用久后变为绿色(Cr^{6+} 被还原为 Cr^{3+})，说明洗液无氧化能力。使用铬酸洗液时应注意以下几点：①使用洗液前，最好先用自来水将器皿清洗干净，并且将水尽量控干，这样可以延长洗液使用周期；②铬酸洗液具有很强的腐蚀性，在使用时要注意不能溅到身上，以防“烧”破衣服和损伤皮肤；③洗液用完(未变绿)应倒回原瓶内，可重复使用。若洗液变绿，则不可倒回原瓶，应倒入专用废液回收瓶；④第 1 次用少量水冲洗刚浸洗过的仪器后，废水不要倒在水池里或下水道里，长久会腐蚀水池和下水道，应倒在废液缸中。

用铬酸洗液洗涤玻璃仪器的一般步骤如下：先用自来水将器皿清洗干净，并且将水尽量控干，向仪器中倒入少量的洗液，之后倾斜仪器并旋转仪器，使洗液润湿整个仪器内壁，转动一会后，将洗液回收到原来的试剂瓶中(图 2-2-2)，之后用自来水冲洗(第 1 次用少量的自来水冲洗，冲洗的废水倒入专用的废液回收桶)，最后用蒸馏水淋洗 3 次。若仪器沾污程度很严重，可用洗液浸泡一段时间或者用热的洗液洗，效果会更好。

4. 超声波清洗

利用超声波在液体中的空化作用、加速度作用及直进流作用对液体和污物直接、间接的作用，使污物层被分散、乳化、剥离而达到清洗目的。该方法清洗效果好，清洁度高且全部工件清洁度一致（图 2-2-3）。

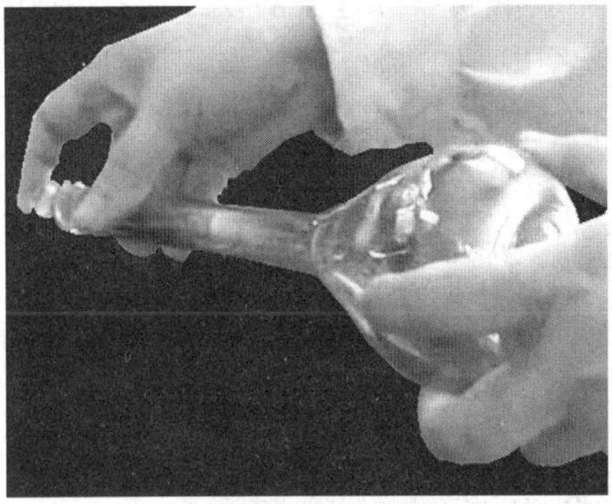

图 2-2-2　铬酸洗液洗涤仪器图

图 2-2-3　超声波清洗仪器

5. 特殊物质的去除

一些仪器上的不溶于水的特殊污垢，特别是未清洗且长期放置的仪器，应根据污物的性质选用合适的试剂，利用它们的化学作用去除。

（1）铁盐引起的发黄可用稀盐酸或稀硝酸去除。

（2）锰盐、铅盐或铁盐引起的污物，可用浓盐酸去除。

（3）金属硫化物的残留污物可用（热）硝酸除去。

（4）残留的硫黄可加氢氧化钠加热、加苯胺加热、用浓硝酸加热等进行溶解。

2.2.2　仪器干燥

实验过程中，有些仪器冲洗干净便可直接使用，但对于某些化学实验，水的存在会影响化学反应的速度或产率，有时甚至使化学反应无法进行，故需要将仪器干燥后再使用。

1. 晾干

晾干是指将仪器洗净后倒置在干净的表面皿上，放入实验柜中，或倒置在合适的仪器架上，使其自然干燥（图 2-2-4）。倒置后不稳定的仪器，则应平放。

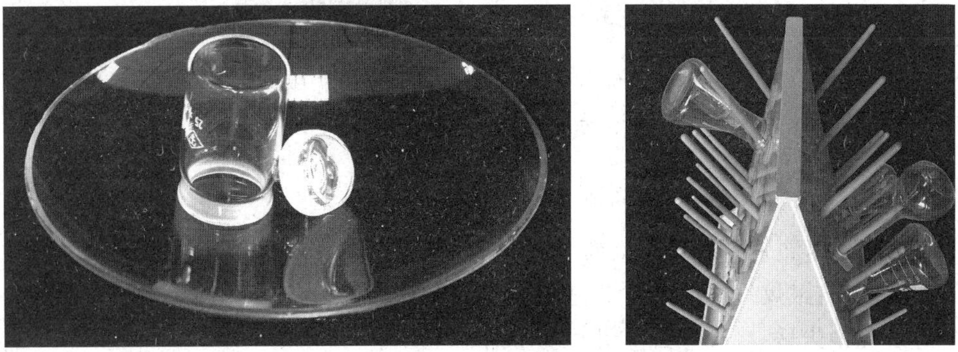

（A）表面皿晾干　　（B）滴水架晾干

图 2-2-4　仪器的晾干

2. 烘干

洗净的玻璃仪器可放置在电热恒温干燥箱(简称烘箱)内烘干。玻璃仪器放进去之前,应把水尽量控干。放置时,仪器的口朝下(倒置后不稳的仪器应平放),带塞子的仪器应把塞子打开。可在烘箱的最下层放 1 个搪瓷盘,用以接收从仪器上滴下来的水滴,以免水滴滴到电炉丝上损坏电炉丝(图 2-2-5)。

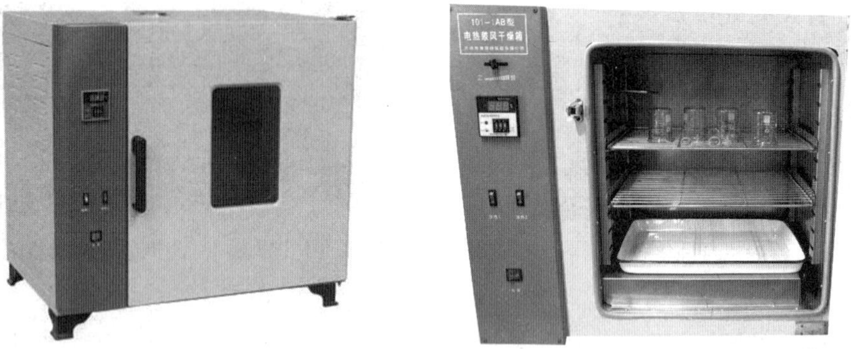

(A)电热恒温干燥箱　　(B)烘干仪器

图 2-2-5　仪器的烘干

3. 吹干

吹干是指使用电吹风机或者玻璃仪器气流干燥器(图 2-2-6),利用冷的或热的空气流使仪器干燥。也可将洗净的仪器用少量乙醇或丙酮淋洗,再用吹风机吹干。无论烘干还是吹干的仪器,都必须等仪器冷却至室温时才能取出,否则热的仪器骤冷,水汽将在器壁上凝聚。

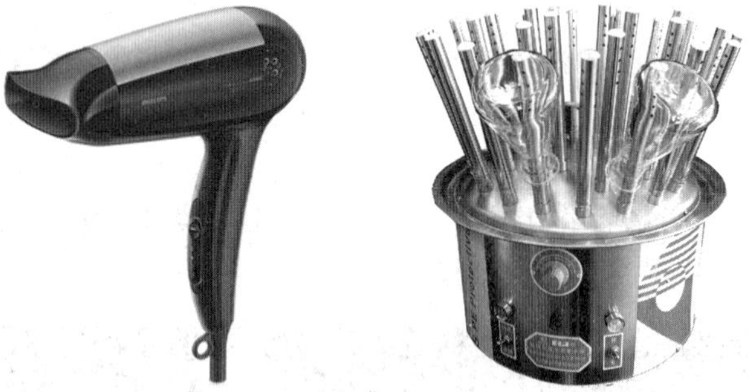

(A)吹风机　　(B)气流干燥器

图 2-2-6　仪器的吹干

4. 烤干

烧杯、蒸发皿等可放在有石棉网的电炉上直接烤干,烤干前应先将仪器外壁的水擦干。试管可直接用酒精灯或煤气灯小火烤干,操作时,试管口应倾斜朝下,并且从试管底部开始来回移动试管,水珠消失后,再将试管口朝上,以便水汽逸出。

5. 用有机溶剂干燥

因为热胀冷缩会影响仪器的精密度,一般带有刻度的计量仪器,如滴定管、移液管、容量瓶等,不能用加热的方法干燥。可将少量的易挥发的有机溶剂(乙醇或乙醇与丙酮 1∶1 体积混合的混合液)倒入洗净的仪器中,将仪器倾斜、转动,使仪器内壁的水与有机试剂混合互溶,然后将混合液倒出,尽量控干,残余的混合液会很快挥发使仪器干燥。若向仪器内吹入冷空气,混合液会挥发得更快。

2.3　常用加热仪器的使用及加热方法

2.3.1　实验室常用加热设备

实验中加热常用酒精灯、酒精喷灯、电炉、电热板、电热套、管式炉、马弗炉、红外灯、白炽灯、热浴及恒温水浴锅等。

1. 酒精灯

酒精灯提供的温度不高,通常为 400～500℃。使用时要注意:先要检查灯芯,如果灯芯顶端不平或已烧焦,需要剪去少许使其平整,然后检查灯里有无酒精。①通过小漏斗向灯内添加工业酒精,所加酒精的量不能超过酒精灯容积的 2/3。使用过程中需添加酒精时,一定要将火焰熄灭后再添加。②要用火柴点燃,决不能用另一只燃着的酒精灯来点燃,否则会使酒精灯内酒精洒出而引起火灾。③加热时,若无特殊要求,一般用温度最高的火焰(外焰和内焰交界部位)来加热器具。④使用完毕时,将酒精灯罩罩上,火焰即熄灭,不能用嘴吹。火焰熄灭后还要把灯罩重新打开 1 次再扣上,使得灯罩内外压力平衡,以免下次使用打不开。⑤对于长时间未使用的酒精灯,在第 1 次点火之前,应先取下灯罩,提起磁套管,使聚集在灯内的酒精蒸气散去,然后点燃,以免发生事故。

2. 酒精喷灯

酒精喷灯由金属材料制成,常用的有座式酒精喷灯和挂式酒精喷灯 2 种。火焰温度可达 800～1 000℃,主要用于需加强热的实验、玻璃加工等。实验室常用的为座式酒精灯[图 2-3-1(A)]。使用前,先疏通进气孔,用漏斗从油孔注入酒精,注入量在灯身容积的 1/4～3/4 处,将盖子拧紧以避免漏气,然后倾倒一下,使立管内的灯芯被酒精湿润,注意酒精加入过多会喷出酒精,过少则会使灯芯烧焦。再在预热盆中注入酒精并用火柴将其点燃,用以加热铜质灯管。待盆内的酒精将近燃完(灯管足够热),此时酒精在灼热的灯管内汽化并从喷口喷出,预热盘内燃着的火焰就会将喷出的酒精蒸气点燃。移动空气调节器,使火焰按需求稳定。在一般情况下,进入的空气越多,火焰温度越高。使用完毕,用石棉板盖住喷灯燃烧口或调节空气调节器,加大空气量,火焰即熄灭,然后稍微拧松油孔上的铜帽,使灯壶内的酒精蒸气放出。见二维码 2-1。

二维码 2-1
酒精喷灯的使用

应该注意,点燃管口气体以前,灯管必须充分灼热,否则酒精在灯管内不会全部汽化,会有液态酒精由管口喷出,进而形成“火雨”,甚至引起火灾。喷灯使用完毕,应将剩余酒精倒出。

3. 电炉、电热板、电热套

通常实验室使用的是电炉丝电炉[图 2-3-1(B)]。电炉丝是由镍铬合金制成的。根据发热量不同有不同规格,如 500 W、800 W、1 000 W 等。电炉加热的优点是加热面积大,受热均匀。使用时要注意:①电源电压与电炉要匹配;②使用时,必须放置石棉网以确保容器受热均匀;

③耐火炉盘的凹渠要保持清洁，若有污物及时清除，以保证炉丝传热良好。

电炉做成封闭式的即为电热板[图 2-3-1(C)]，其使用方法与电炉大体相同，但比电炉受热更均匀。烧杯、锥形瓶等一些器皿可直接在上面加热，但不适合加热圆底容器，多用作水浴和油浴的热源。

电热套也叫电热包[图 2-3-1(D)]，是专为加热圆底容器而设计的，使用时可根据圆底容器的大小选择型号。电热套相当于1个受热均匀的空气浴，具有升温快、温度高、操作简便、经久耐用的特点，是做精确控温加热实验的理想仪器。

(A)酒精喷灯　(B)电炉　(C)电热板　(D)电热套

图 2-3-1　实验室常用加热设备

4. 管式炉

管式炉中有管状炉膛[图 2-3-2(A)]，加热温度可调，炉内最高温度可达 1 000℃以上。炉膛中可插入1根瓷管，瓷管中再放入盛有受热物质的瓷舟，瓷舟中的物质可以在空气气氛或者其他气氛中受热反应。

5. 马弗炉

马弗炉[图 2-3-2(B)]的炉膛是长方形的，炉门可以通过控制手柄开启，打开炉门可放入要加热物质的容器(各种材质的坩埚)。马弗炉的加热元件不同，其可达的炉腔温度也不同，最高温度可达 950～1 800℃。

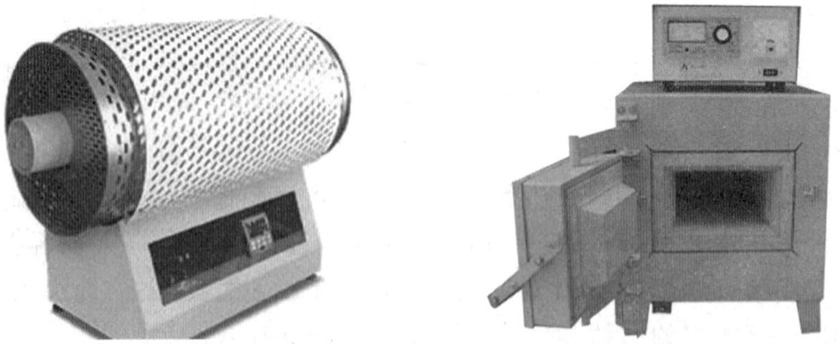

(A)管式炉　(B)马弗炉

图 2-3-2　实验室常用高温加热设备

使用管式炉和马弗炉时应注意：①检查所接电源是否与电路所需电压相符，热电偶是否与测量温度相符，热电偶正负极是否接对。②加热完毕，先关闭电源，不要立即打开炉门，以免炉膛骤冷破裂。一般当温度降至 200℃以下时方可打开炉门，用坩埚钳取出样品。③管式炉和马弗炉应该放置于水泥台上，不可放置在木质桌面上，以免高温引起火灾。④炉膛内应保持清洁，炉周围不可放置易燃物品和精密仪器。

6. 红外灯、白炽灯

红外灯和白炽灯可用于低沸点易燃液体的加热，如乙醇、石油等。使用时，将受热容器正对灯面，中间留出空隙，再用铝箔或玻璃布将容器和灯泡松松包住，既可保持红外灯洁净，又能保温且防止灯光刺激眼睛。

7. 恒温水浴锅

恒温水浴锅可用于干燥、浓缩、蒸馏、浸渍化学试剂，也可用于水浴恒温加热。其主要特点：抗腐蚀性能优越、温控精确、有数字显示、自动温控、操作简便、使用安全等。

2.3.2 实验室加热形式

实验室加热形式可分为直接加热法和热浴法。一般情况下，待加热的物质通常置于容器内，容器置于热源上加热。有些容器，如玻璃容器和陶瓷容器，若直接置于热源上，则往往因受热不均、温度过高而产生破裂，或传热不良以致加热物质受热不均匀。此时可采用热浴法加热。所谓热浴（图 2-3-3），是将容器置于热浴物质内，使热浴物质的温度缓慢升高到一定程度，再让其缓慢冷却，从而达到改善容器热传递性能，使容器受热均匀的方法。在实验室常用的热浴方法有水浴、油浴、沙浴等。①水浴加热：0～100℃，适用于 100℃以上易分解或者易挥发燃烧的溶液或者纯液体。②油浴加热：100～260℃的可用油浴加热，常用的油浴有甘油、植物油、石蜡、硅油等。③沙浴加热：一般要求在 400～600℃的受热均匀者宜用沙浴加热；但沙浴传热慢，温度上升慢，不易控制。④铅浴加热：对于更高温度要求，350～1 740℃的可用铅浴加热，但实验室中很少使用。

（A）恒温水浴　　（B）油浴　　（C）沙浴

图 2-3-3　实验室常用热浴形式

2.4 普通化学实验常用仪器设备

2.4.1 称量仪器

1. 托盘天平

普通化学实验中一般物品称量时常用托盘天平，特点是能够快速地称量物体，但精确度不高。

托盘天平依据杠杆原理制成，构造如图 2-4-1，天平的横梁即为杠杆，在横梁的两端各有 1 个托盘，左端放要称量的物体，右端放置砝码，横梁中央装有刻度盘，并有指针与之相对，根据指针在刻度盘上左右摆动情况，判断天平是否处于平衡状态，当两端平衡时，两端的质量也相等。

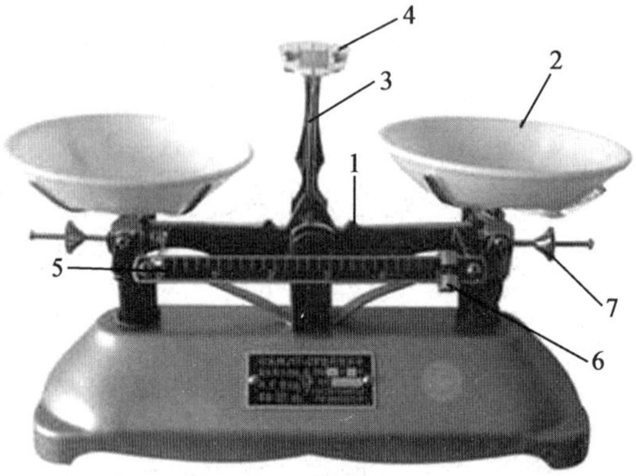

图 2-4-1 托盘天平

1 横梁；2 秤盘；3 指针；4 刻度盘；5 游码标尺；6 游码；7 平衡螺丝

托盘天平使用方法如下：

(1)调整零点 天平放置在水平地方，游码归零，天平两端秤盘内放入大小相近的称量纸，检查天平的指针是否指在刻度盘上的中心线，即天平的零点。若不在零点，可调节平衡螺丝，直至指针在刻度盘中心线左右等距离摆动。

(2)称量 被称物放在左盘，砝码放在右盘。10 g 以上的质量通过砝码盒内的砝码添加，10 g 以下的质量通过游码尺上的游码添加。用镊子添加砝码，当添加砝码到指针停在刻度盘中间位置时，天平两边即平衡，此时砝码与游码数值之和即为被称物品的质量。

注意：被称物不能直接放在秤盘上，应根据不同情况放在称量纸上或洁净的表面皿上。天平不能称量热的物质。称量完毕，将砝码及游码复原归位，并清扫干净秤盘。

2. 电子分析天平

(1) 电子分析天平的计量性能 电子分析天平的计量性能主要包括稳定性、灵敏性、正确性和天平示值的不变性。

稳定性是指已经平衡的天平受到外力扰动，离开平衡位置后，能自动恢复到原来平衡位置的能力。稳定性越好，天平越稳。天平的稳定性与灵敏性、示值不变性密切相关，所以天平的计量检定，只要求检定灵敏性、正确性和不变性 3 大计量性能。

灵敏性是指天平对微小的重量或质量变化做出反应的特性，也是指天平能觉察出放在秤盘上的物体质量改变量的能力，通常用灵敏度来表示。

灵敏度是天平灵敏性的具体量值。天平平衡后，每加上 1 mg 砝码时，指针在标牌上所移动的距离，称为灵敏度。单位质量所引起的天平标尺移动的分度值称为天平的分度灵敏度 E_n，其值越高，天平指针所移动的距离愈大，天平越灵敏。如万分之一天平的灵敏度为 10 格/mg。天平的灵敏性也常用引起单位分度变化所具有的质量值表示，称为感量 D，$D=1/E_n$。这个质量值越小，天平的灵敏性就越好。

正确性是指天平本身的系统误差能控制到尽可能小的能力。对于双盘天平，横梁两臂的长度之差应符合一定的要求，它的正确比例关系是 1∶1。如果两臂不相等，就会造成衡量结果失准，而且随着载荷的增加不等臂误差也随之加大。因此双盘天平的正确性通常用天平的不等臂性误差表示，将1对等质量砝码分别放到2个秤盘上，测定天平的平衡位置，即可计算天平的不等臂误差。对于单盘天平或电子天平，不存在不等臂性误差，正确性通常指天平在不同载荷下能否将线性偏差控制在规定的范围内。

不变性表示天平在相同条件下，对同一物体连续多次称重，所得的称量结果的一致性或可靠程度，也指现有工作状态下多次开启天平后，其平衡位置的再现性。测量示值变动性越小，说明不变性越好。

(2)电子分析天平工作原理与分类　电子分析天平(也简称电子天平)是通过作用在物体上的重量来测定物体的质量，并采用数字指示输出结果的计量器具。它的支撑点采取弹性簧片，用差动变压器取代机械天平的升降枢装置，用数字显示代替指针刻度，根据电磁力平衡原理，使物体在重力场中实现力的平衡。测量过程中不需要砝码，可以自动调零、自动去皮、超载显示、故障报警以及自动显示称量结果。

按传感器的工作方式划分，电子天平有电磁平衡式、电感式、电阻应变式和电容式4类。按照电子天平的精度来分有超微量电子天平(分度值小于最大被称质量的10^{-6}，最大称量为2～5 g)、微量天平(分度值小于最大被称质量的10^{-5}，最大称量为3～50 g)、半微量天平(分度值小于最大被称质量的10^{-5}，最大称量为20～100 g)和常量电子天平，亦称为万分之一天平(分度值小于最大被称质量的10^{-5}，最大称量为100～200 g)，根据天平的准确等级分为Ⅰ级——特种准确度(精细天平)、Ⅱ级——高准确度(精密天平)、Ⅲ级——中等准确度(商用天平)、Ⅳ级——普通准确度(粗糙天平)。图2-4-2是2种常见的分析天平。

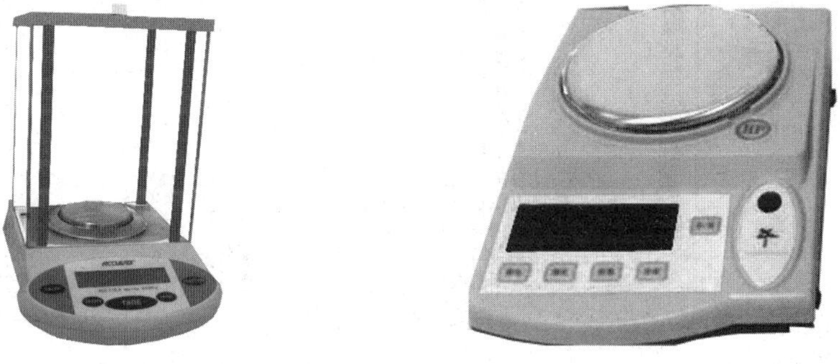

(A)ALC－110.4型万分之一电子天平　　(B)JY2002型电子天平

图2-4-2　常用分析天平

(3)电子天平的使用方法　电子天平按结构可以分为上皿式(秤盘在支架上面)和悬盘式天平(秤盘吊挂在支架下面)，目前广泛应用的是上皿式天平。虽然电子天平的种类型号很多，但基本结构相同。

①JY2002型电子天平的使用　图2-4-3是JY2002型电子天平外部结构组成，此种天平精确称量到0.01 g，最大称量量200 g，用于准确度要求不高的实验称量。见二维码2-2。

二维码2-2　JY2002型电子天平的使用

称量步骤如下：

a. 插上电源插头，连接到外部电源。仪器预热30 min以上。

b. 按开机/关机键，启动显示屏，依次显示“8.8.8.8.8.8.”，“最大称量值”，“——”等信

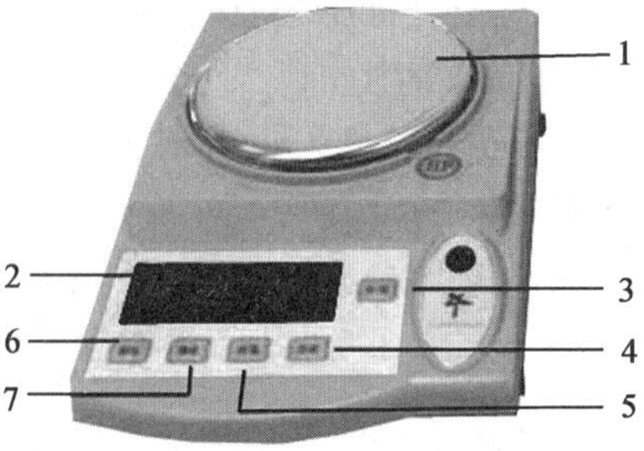

图 2-4-3　JY2002 型电子天平

1 秤盘；2 显示屏；3 开关；4 去皮；5 校准；6 单位；7 模式

二维码 2-3　赛多利斯电子分析天平的使用

息，等待自检结束，稳定显示“0.00 g”后仪器进入称量状态。

c. 将大小合适的称量器皿放在秤盘中间（称量纸、干燥的烧杯等），待显示读数后按“去皮”键，去除皮重，此时显示器显示“0.00 g”，用药勺向称量容器中加入样品，达到称量要求而且数字不变时，完成称量，记录读数。

d. 称量完毕，轻按开关键，关闭天平，清理秤盘。

②赛多利斯 ALC-110.4 型电子天平的使用　图 2-4-4 显示的是赛多利斯 ALC-110.4 上皿式多功能天平的外部结构组成。见二维码 2-3。

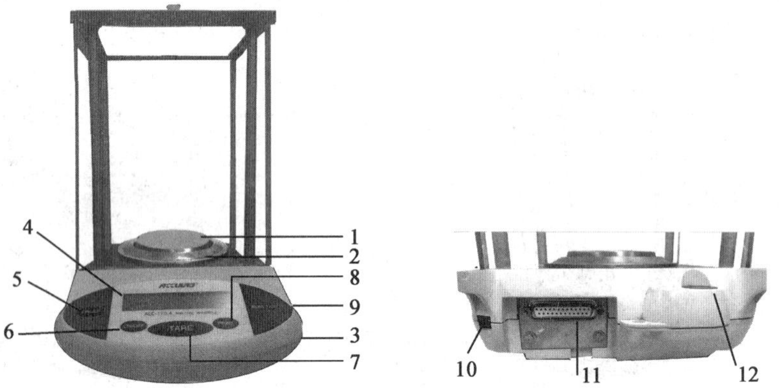

（A）ALC-110.4 电子天平正面　　（B）ALC-110.4 电子天平背面

图 2-4-4　赛多利斯 ALC-110.4 型电子天平外观

1 秤盘；2 屏蔽盘；3 地脚螺栓；4 显示器；5 CAL 校正/清除键；6 ON/OFF 开/关；7 TARE 去皮键；8 PRINT 打印键；9 FUNCTION 功能键；10 电源插口；11 数据接口；12 水平仪

校准：电子天平是靠重力完成称量过程的，由于不同地区重力加速度不同，使得称量数值存在差异，因此为了获得准确的称量结果，必须进行校准以适应当地的重力加速度。此外，因存放时间较长、位置移动、环境变化等因素，电子天平在使用前一般都应进行校准操作。校准方法分为内校准和外校准 2 种。内校准是指校准砝码放置在电子天平内部，校准时只需按一下校准键就可以完成校准过程。外校准是指通过人工取放标准砝码完成校准天平的过程，砝码用单独的砝码盒保存。

内校准法和外校准法并不影响电子天平的准确性，但外校准的标准砝码易受污染，产生损耗，使得天平的校准出现偏差。通常外校准天平比内校准天平价格低。

外校准方法(以赛多利斯 ALC－110.4 为例)：首先调节天平的水平，待天平充分预热之后，按开关键，显示器出现 0.000 0 g，再轻按 CAL 键，显示器出现"＋100.000 0"，表示校准需用 100 g 的标准砝码。此时把准备好的"100 g"校准砝码放上秤盘，经较长时间后显示器出现"＋100.000 0 g"，取出校准砝码，显示器出现 0.000 0 g，校准结束，若出现的数字不为零，则再按 TARE 键清零，再重复以上校准操作，直至显示器出现 0.000 0 g。

使用：

a. 调节水平，观察天平后面的水准器内的水平泡是否在圆圈中央，如不是则调节天平下面的地脚螺栓。

b. 接通电源预热 30 min 以上。

c. 按 ON/OFF 键，天平经过自检之后，显示器出现"0.000 0 g"，如果数字显示的不是"0.000 0 g"，需要按一下 TARE 键。

d. 在秤盘中央轻轻地放入被称物品，显示屏上的数字快速变化，待数字稳定并出现质量单位"g"后，即可读数，并在记录本上记录称量结果。

e. 称量完毕，取下被称物品，按 ON/OFF 键，不必拔掉电源，使天平处于待机状态，显示器数字消失，在下角出现 1 个"○"，再次称量时，按 ON/OFF 键即可。

注意事项：

a. 为减少气流、振动、电磁干扰等环境因素对天平的影响，天平的工作台要平稳，防止阳光直射；避免放置在空气对流的通道上。

b. 天平室的相对湿度应保持在 50％～70％，称量过程中，天平室的温度变化不应太大，天平使用之前必须预热 30 min 以上，减小天平数字的飘移现象。

c. 进行称量操作时，动作要轻、缓。注意触碰天平使之移位后，天平水平是否改变。

d. 不得直接将样品放于秤盘中，不能在天平上称量热的、冷的或散发腐蚀性气体的物品，应使物体和天平室温度一致后再进行称量。

e. 称量读数时应关闭所有的天平门，称量的物品不得超过天平的最大载荷量。

f. 称量时不要触碰电子天平的 PRINT 打印键和 FUNCTION 功能键。使用过程中如果发现天平不正常，应及时向老师报告，不要自行处理。

3. 称量方法

实验中，根据不同的称量对象和不同的天平，需要采用不同的称量方法和操作步骤，常用的称量方法有直接称量法、固定质量称量法和递减称量法(减量法)。

(1)直接称量法　天平调定零点后，称量物直接放在天平秤盘上，直接称量物体的质量。该法适用于称量在空气中性质稳定、无吸湿性、不易潮解、无腐蚀性、不易挥发或升华的药品及洁净干燥的器皿，如表面皿、坩埚、烧杯等。注意：不能用手直接拿取被称量物，可以选用垫纸条、戴手套、用镊子或钳子等合适方法。

(2)固定质量称量法　又称增量法，此法用于称量某一固定质量的试剂(如基准物质)或试样。将干燥的小容器(如烧杯)放在天平秤盘上，待平衡后按"TARE"键去皮显示零点，然后往容器中缓慢加入试样，并观察天平读数，当达到所需质量时停止加样，待平衡后记录读数即可。

(3)递减称量法　又称减量法，分析天平上的称量一般都用减量法。减量法是以天平上的容器内试样量的减少值为称量结果的。先称出试样和称量瓶的精确质量，然后将称量瓶中的试样敲出一部分在待盛药品的容器中，倒好药品后盖上称量瓶，放在天平上再精确称量(图2-4-5)。两次质量的差数就是取出试样的质量。如果1次倒入容器的药品太多，必须弃去重称，不可倒回称量瓶。如果倒入的试样不够可再加1次，但不能超过3次。为了更方便快捷，也可使用以下操作(差减法)：将试样和称量瓶放在天平秤盘上，待平衡后按“TARE”键去皮显示零点，然后将称量瓶中的试样敲出一部分到待盛药品的容器中，倒好药品后盖上称量瓶，放在天平上再精确称量，平衡后显示的读数(负值)即为称取试样的质量。若质量达到要求范围，则记录读数；若试样质量不够可再加1次，但不能超过3次。

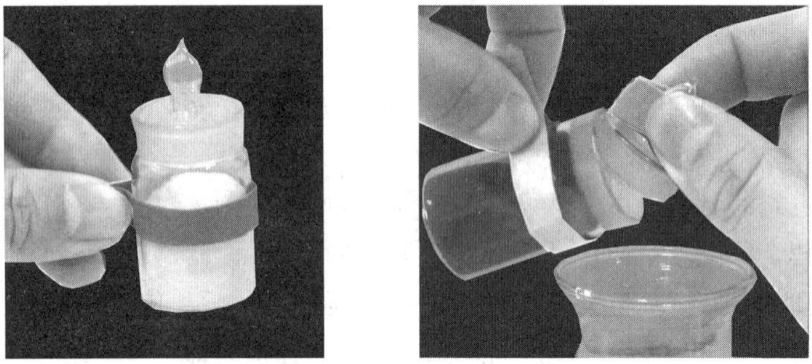

(A)取放称量瓶　　(B)倾出样品

图 2-4-5　差减称量法

2.4.2　酸度计

1.酸度计的种类

酸度计也称为pH计，是采用氢离子选择性电极测量液体pH的化学分析仪器。酸度计根据使用形式可以分为笔式酸度计、便携式酸度计、实验室台式酸度计和工厂在线酸度计，如图2-4-6所示。根据仪器精度可分为0.2级、0.1级、0.02级、0.01级和0.001级，数字越小，精度越高；根据读数指示形式可分为指针式和数字显示式2种。

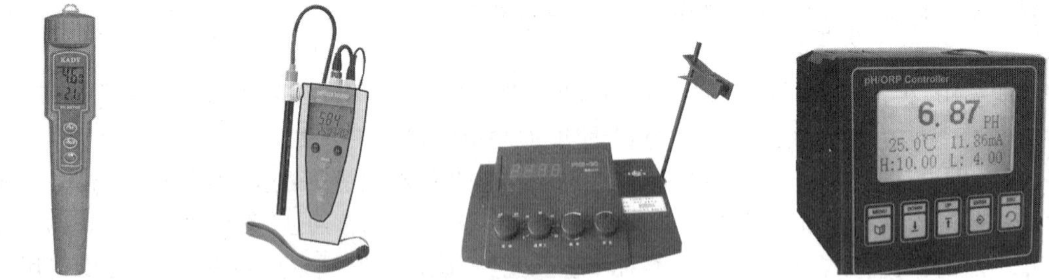

手持式酸度计　　便携式酸度计　　实验室台式酸度计　　工业在线酸度计

图 2-4-6　酸度计常见种类

2.酸度计的原理

pH定义为溶液中氢离子活度(一般用浓度代替)的负对数，$pH=-\lg\dfrac{c(H^+)}{c^{\ominus}}$。酸度计是用电势法来测量 pH 的，其基本原理：将1支连有内参比电极的可逆氢离子指示电极和1支外参比电极同时浸入到某一待测溶液中而形成原电池，在一定温度下产生电池电动势。这个电动势与溶液中氢离子活度有关，而与其他离子的存在基本没有关系。仪器通过测量该电动势的大小，最后转换为待测液的 pH 而显示出来。

3. 酸度计的构成

酸度计由2部分组成：电极和电流计。因为把对 pH 敏感的指示电极和参比电极放在同一溶液中组成的原电池，其电动势是玻璃电极和参比电极电势的代数和，数值非常小，且电路的阻抗又非常大。因此，必须使用电流计将信号放大。如今普遍使用的是复合电极，它由连有内参比电极的氢离子指示电极和外参比电极复合在一起构成。复合 pH 电极的基本结构如图2-4-7所示，其主要组成如下：

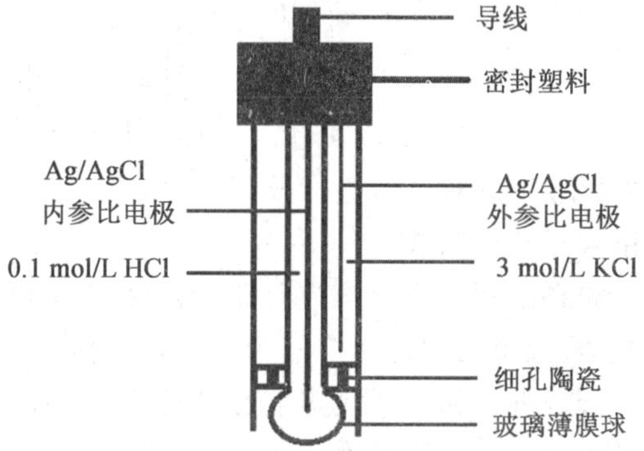

图 2-4-7 复合 pH 电极的基本结构

(1)玻璃薄膜球泡 由具有 H^+ 交换功能的锂玻璃熔融吹制而成，呈球形，膜厚在0.1～0.2 mm。

(2)玻璃支持管 是支持电极球泡的玻璃管体，由电绝缘性优良的铅玻璃制成，其膨胀系数与电极球泡玻璃一致。

(3)内参比电极 多为 Ag/AgCl 电极或饱和甘汞电极，主要作用是提供稳定的参比电极电势。

(4)内参比溶液 为 pH 恒定的缓冲溶液或浓度较大的强酸溶液，常为 $0.1\ mol \cdot L^{-1}$ HCl 溶液。

(5)电极壳 电极壳是支持玻璃电极和液接界，盛放外参比溶液的壳体，有塑料外壳和玻璃外壳2种。

(6)外参比电极 多为 Ag/AgCl 电极或饱和甘汞电极，其作用也是提供稳定的参比电极电势。

(7)外参比溶液 常为饱和 KCl 溶液或 KCl 凝胶电解质。

(8)液接界 液接界是外参比溶液和被测溶液之间的连接部件，要求渗透量大且稳定，通常由瓷砂芯材料构成。

(9)电极导线 为低噪声金属屏蔽线，内芯与内参比电极连接，屏蔽层与外参比电极连接。

复合电极的玻璃薄膜球泡是一种特殊的玻璃膜，在玻璃膜表面有很薄的水合凝胶层，它只有在充分湿润的条件下才能与溶液中的 H^+ 有良好的响应。同时，玻璃电极经过浸泡，可以使不对称电势大大下降并趋向稳定。另外液接界干涸会使液接界电势增大或不稳定，这就要求参比电极的浸泡液必须和参比电极的外参比溶液一致，因此复合电极在使用之前，需要浸泡在含 KCl 的 pH ＝ 4.00 缓冲溶液中，这样才能对玻璃球泡和液接界同时起作用。

注意电极球泡前端不应有气泡，如有气泡应用力甩去。pH 复合电极插入被测溶液后，要搅拌晃动几下再静止放置，这样会加快电极的响应。尤其使用塑壳 pH 复合电极时，搅拌晃动要厉害一些，因为球泡和塑壳之间会有 1 个小小的空腔，电极浸入溶液后有时空腔中的气体来不及排除会产生气泡，使球泡或液接界与溶液接触不良，因此必须用力搅拌晃动以排除气泡。

$$\varepsilon = K + \frac{2.303RT}{F}\mathrm{pH}$$

上式中 ε 是工作电池的电动势，在一定温度下酸度计测得的由复合电极和待测液一起构成的原电池的电动势与待测液的 pH 呈线性关系。在 pH 计使用前，用 2 个已知 pH 的缓冲溶液为标准试液对仪器进行校正，确定上述公式中的截距和斜率之后，方可用来测试待测液。

二维码 2-4 pHS-3C 酸度计的使用方法（旋钮型）

如果已知待测溶液为酸性，则可以选择酸性和中性标准缓冲溶液进行校准；如果已知待测溶液为碱性，则可以选择碱性和中性标准缓冲溶液进行校准。如果待测溶液酸碱性未知，则选择酸性、中性和碱性 3 种标准缓冲溶液进行校准。

4. pHS-3C 酸度计

pHS-3C 型酸度计使用方法见二维码 2-4，结构如图 2-4-8 所示：

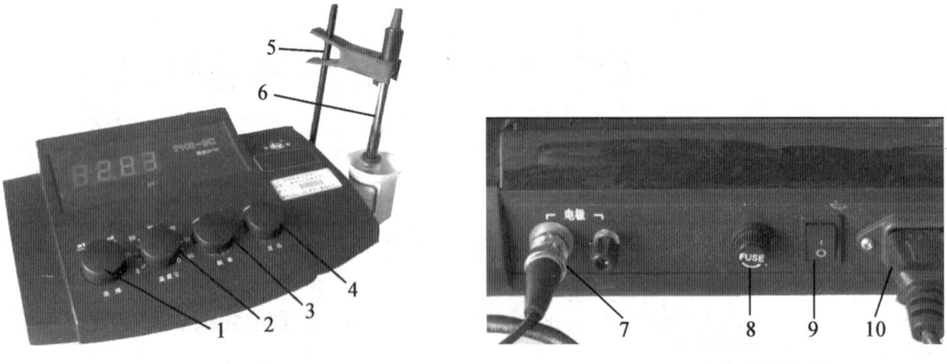

（A）pH-3C 型酸度计的正面　　（B）pH-3C 型酸度计的背面

图 2-4-8 pHS-3C 型酸度计外观结构图

1 选择开关旋钮；2 温度调节旋钮；3 斜率调节旋钮；4 定位调节旋钮；5 电极夹；6 电极；7 电极插座；8 保险；9 电源开关；10 电源插座

pHS-3C 型酸度计操作步骤：

（1）开机前准备　将电极杆旋入电极插座后安好电极夹，把浸泡过的复合电极夹好，拧下电极前端的电极套，用蒸馏水清洗电极，用吸水纸仔细将电极头部的水分吸干。

(2)预热　酸度计的后面有电源接口,打开仪器后部的电源开关,预热 0.5 h。

(3)校准　仪器校准通常采用 2 点校准法,首先用 pH = 6.86 的标准缓冲溶液,其次用接近被测溶液 pH 的缓冲液,如被测溶液为酸性时,应选 pH = 4.00 的标准缓冲溶液;如被测溶液为碱性时,则选 pH = 9.18 的标准缓冲溶液。

将选择旋钮调至 pH 挡;用温度计测量被测溶液的温度,调节温度补偿旋钮至测量值。把斜率调节旋钮顺时针旋转至最大,将用蒸馏水清洗过的电极插入 pH = 6.86 的缓冲溶液中,烧杯中的溶液没过电极泡,轻轻摇动烧杯,使电极对溶液充分响应,调节定位旋钮,使仪器显示读数与标准缓冲溶液的 pH 一致。将电极取出,用蒸馏水洗净、吸干水分,再插入 pH = 4.00 的标准缓冲溶液中,摇匀溶液,待电极对溶液充分响应后,调节斜率旋钮,使仪器显示读数与标准缓冲溶液的 pH 一致。重复进行校准,直到不需要再调节定位或斜率旋钮为止,仪器校准完成。

(4)测量　pH 计校准结束后,进入测量状态。将复合电极用蒸馏水清洗干净,吸干水分,把电极放入被测溶液中,轻轻摇匀溶液,待读数稳定后,显示屏上的读数就是溶液的酸度。记录读数之后,取出电极,用蒸馏水清洗,再戴好前端的电极套,注意电极套中应有浸泡电极的溶液,关闭电源。

2.4.3　电导率仪

1. 电导率概念

电导率表示的是溶液传导电流的能力。导电能力的大小通常用电阻(R)或电导(G)表示。电导是电阻的倒数,基本单位是西门子(S),因此电导值的测量实际上是通过电阻值的测量,然后再换算的。见二维码 2-5。

二维码 2-5
电导率仪的使用

$$G = \frac{1}{R}$$

在电解质溶液中,带电的离子可以在电场的作用下产生移动传递电子,可以将 2 个电极插入溶液中,测出 2 级间的电阻,根据欧姆定律,这个电阻值与电极的间距 L(cm)成正比,与电极的横截面积 A(cm^2)成反比。

$$R = \rho \frac{L}{A}$$

$$G = \frac{1}{\rho} \frac{A}{L}$$

对于给定的电极,电极面积 A 和间距 L 是固定不变的,因此 L/A 是常数,称为电极常数,$1/\rho$ 称为电导率,表示在相距 1 cm,面积为 1 cm^2 的两极间溶液的电导,单位 $s \cdot cm^{-1}$。实际工作中通常使用 $ms \cdot cm^{-1}$ 或 $\mu s \cdot cm^{-1}$。

测量电导的电极通常有 2 种,用 2 个平行的铂片组成的光亮电极或铂片上覆盖 1 层细粉状铂的铂黑电极。光亮电极用于测量较小的电导率,铂黑电极用于测量较大的电导率。而且不同的电极,电极常数不同,电极常数通常标注在电极帽上。

2. DDS-11A 型数字电导率仪的使用方法

仪器外观如图 2-4-9 所示。

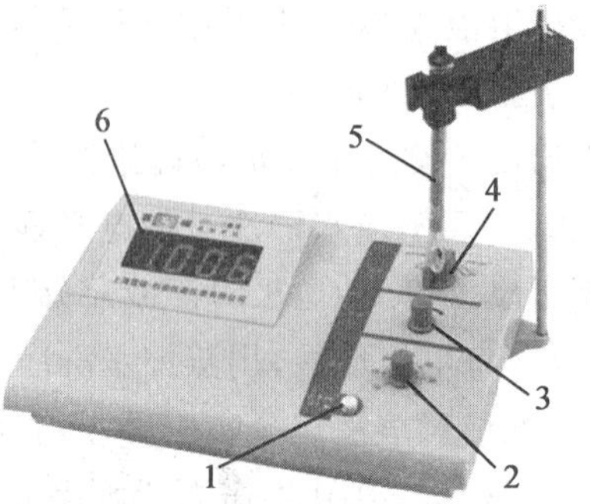

图 2-4-9 DDS-11A 数字电导率仪的外观结构

1 校准/测量按钮;2 温度调节旋钮;3 常数调节器;4 量程选择开关;5 电导电极;6 显示屏

(1)仪器的校准　仪器使用前首先要进行校准,即把电极的电极常数输入仪器,电极常数标注在电极帽上,不同的电极其常数也不一样,更换电极时或测量之前为了避免操作误差,必须重新校准仪器。

①首先安装支架,插好电极夹,连接电源线、打开电源开关后使仪器预热 10 min。

②测量溶液的温度,调节温度调节器至测量值。

③按"校准/测量"按钮仪器进入校准状态,将按钮按下去,调节"常数"调节器,使仪器的显示数和使用电极的常数相等。

电导电极的常数通常有 10、1、0.1、0.01 4 种类型,再输入常数时必须把它们折算成 1 的类型来输入,例如:

a. 电极常数为 1 的类型:当电极常数的标称值为 0.95,调节"常数"调节旋钮,使仪器显示值为.950(测量结果=读数)。

b. 电极常数为 10 的类型:当电极常数的标称值为 10.7,调节"常数"调节旋钮,使仪器显示值为 1.070(测量结果=读数×10)。

c. 电极常数为 0.1 的类型:当电极常数的标称值为 0.11,调节"常数"调节旋钮,使仪器显示值为 1.100(测量结果=读数×0.1)。

d. 电极常数为 0.01 的类型:当电极常数的标称值为 0.01,调节"常数"调节旋钮,使仪器显示值为 1.000(测量结果=读数×0.01)。

(2)测量

①正确选择量程　在电导率测量的过程中,量程的选择也很重要,为了防止电极的极化,电导率仪不同量程采用不同的测量频率。我们选择量程应该以量程正好覆盖需要的值为准,比如我们要测量 120 μS/cm 的值,就应该选择 200 μS/cm 这一挡。如果不知道被测液电导率值的范围,先将量程放到最高挡,再根据读数依次减小,以能读到的有效数字最多为准。

②测量　在选择好量程后,将"校准/测量"按钮弹起,电极清洗擦干后,放入待测溶液中,此时显示的数值即为在该温度下的电导率值。

如果仪器显示屏显示"1",表明超量程,应更换量程或更换电极常数为 10 或 0.1 的电导电极。

如果在测量过程中需要重新校正仪器，只需将选择开关置于校正位置即可，不必将电极插头拔出，也不必将电极从待测液中取出。

注意盛放待测溶液的容器必须清洁，每次测量完毕，用蒸馏水冲洗电极，并用吸水纸吸干，但不能擦铂黑电极，也可以用待测溶液淋洗几次后再测定。

2.4.4 722 型分光光度计

1. 原理

722 型分光光度计（使用见二维码 2-6）是依据分光光度法测定溶液吸光度的常用仪器。分光光度法是基于物质对不同波长的光具有选择性吸收能力而建立起来的分析方法。当一束平行单色光垂直照射并通过某一均匀非散射的吸光物质时，其吸光度 A 与吸光物质的浓度 c 及吸收层厚度 b 成正比。

二维码 2-6　722 型分光光度计使用方法

$$A=\varepsilon bc=\lg\frac{1}{T}=\lg\frac{I_0}{I_t}$$

式中 T 表示透光度，b 表示液层厚度，单位 cm，c 表示溶液浓度，单位 $mol \cdot L^{-1}$，ε 称为摩尔吸收系数，单位 $L \cdot mol^{-1} \cdot cm^{-1}$。一般 ε 越大，物质对光的吸收越强。

由公式可知，当入射光、摩尔吸收系数和溶液厚度一定时，吸光度只与溶液的浓度成正比。A 越大，表明溶液对某波长的光吸收越多。

2. 结构

722 型分光光度计是单光束分光光度计，由光源、单色器、吸收池、检测器和显示记录系统 5 部分组成，如图 2-4-10 所示。

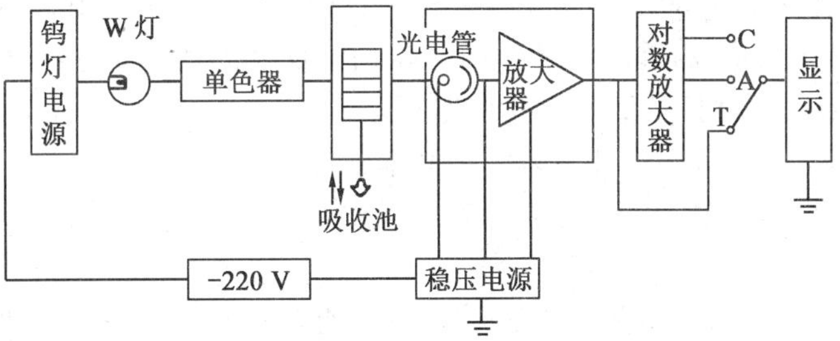

图 2-4-10　722 型分光光度计的内部组成

(1) 光源　以卤钨灯为光源，在可见光区可以获得连续的、强大稳定的可见光。

(2) 单色器　将复色光中分出某一波长的装置，由狭缝、色散元件和透镜系统组成。

(3) 吸收池（比色皿）　用于盛放参比溶液和被测溶液的容器。

(4) 检测器　利用光电效应，将透射光信号转变为电信号的装置。

(5) 显示记录系统　将电信号放大和对数转换后，以模拟或数字信号的形式显示出吸光度或透光度。

722 型分光光度计的外观如图 2-4-11 所示。

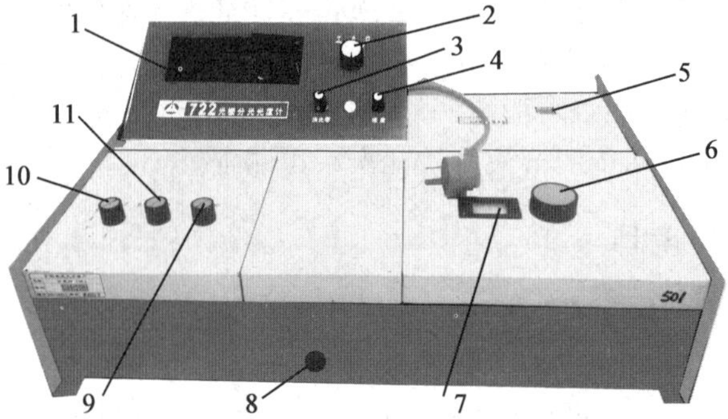

图 2-4-11 722 型分光光度计的外观结构

1 显示器；2 测量选择开关；3 消光零旋钮；4 浓度调节旋钮；5 电源开关；6 波长调节旋钮；7 波长刻度窗；8 比色架拉杆；9 调 0%T 旋钮；10 灵敏度调节旋钮；11 调 100%旋钮

3. 操作方法

(1)接通电源，按开关键，指示灯亮。

(2)将灵敏度旋钮调到“1”挡，选择开关置于“T”挡，打开样品室盖，仪器预热 20 min。

(3)预热之后，旋动仪器波长手轮，调节到测试所需的波长。

(4)准备比色皿。实验之前需用测试溶液润洗比色皿 2～3 次，手指接触比色皿的磨砂面，装液到比色皿的 2/3 处，用镜头纸吸干其外壁后，放入比色架中，使透明面对准光路。将装有参比溶液的比色皿放置在比色架中的第 1 个格子里，装有试样的比色皿放入后面的比色架中。

(5)拉动试样架拉杆，使参比溶液正对光路。

(6)打开样品室盖，调节透光率“0%”旋钮，使数字显示为 0。

(7)轻轻盖上样品室盖，调节透光率“100%”旋钮，使数字显示为 100。如果显示不到 100，则可适当增加灵敏度的挡数，重新打开样品室盖调整仪器的透光率 0%，再盖上样品室盖，调节透光率 100%旋钮，直至显示稳定的“100”。

(8)重复操作两次，直到不需要再调节透光率旋钮。

(9)再将选择开关置于“A”挡，此时吸光度显示应为 0.000，若不是，旋动消光零旋钮，使得数字显示为 0.000。

(10)拉动比色皿架拉杆，被测溶液处于光路中，此时屏幕显示值即为试样的吸光度。

(11)测定结束后将比色皿清洗干净，控干，放入比色皿盒内。

4. 使用注意事项

(1)开关样品室盖及拉动拉杆时动作要轻缓。

(2)使用比色皿时手指应接触磨砂玻璃面，不要在仪器上方倾倒测试样品，要将比色皿外部擦干净。

(3)每次调整波长后，应重新校准仪器。

(4)为防止光电管老化，在不测定的时候要将样品室盖打开，避免光电管长时间受强光照射。

(5)测定时应尽量使吸光度在 0.2～0.8，可以得到较高的准确度。

第3章　普通化学实验基本实验技能

3.1　试剂的取用及溶液配制

1. 试剂的取用

固体试剂一般存放在易于取用的具有磨口瓶塞的广口试剂瓶或具有橡皮塞的广口瓶内[图 3-1-1(A)]，液体试剂则存放在细口的试剂瓶中[图 3-1-1(B)]，某些用量小但使用频繁的试剂，如指示剂、定性分析实验试剂等可盛装在滴瓶中[图 3-1-1(C)]，见光易分解的试剂，如硝酸银、高锰酸钾等，用棕色试剂瓶盛装。盛装试剂的试剂瓶都应贴上标签，且在标签上应注明试剂的名称、纯度、浓度及配制日期，标签的外面可用蜡封或者贴上透明胶带来保护字迹。

(A) 广口瓶　　(B) 细口瓶　　(C) 滴瓶

图 3-1-1　试剂的存放

取用试剂前，应先看清标签。取用时，要保持瓶塞的清洁。先打开瓶塞，把瓶塞倒置在实验台上[图 3-1-2(A)]。若瓶塞不是平顶的，则可用食指和中指夹住瓶塞或将瓶塞放在洁净的表面皿上[图 3-1-2(B)]，切不可将瓶塞直接横放在实验台上[图 3-1-2(C)]。实验中遵循“用多少取多少”的原则，减少试剂浪费。取完试剂后，一定要把匹配的瓶塞盖严，不要把瓶塞弄混，以免污染试剂。最后把试剂瓶放回原处，保持实验台干净整齐。

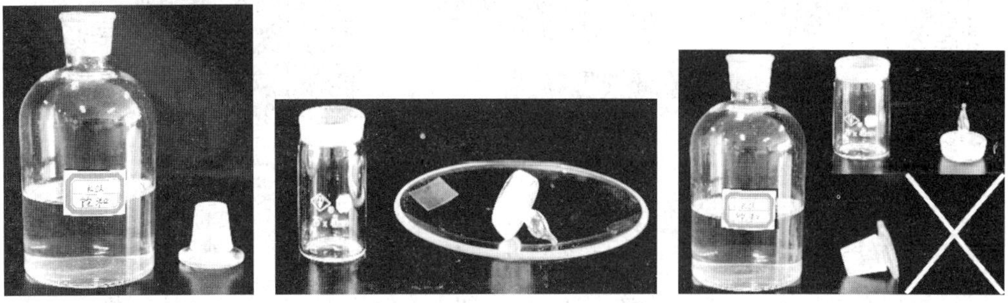

(A) 瓶塞倒置在实验台　　(B) 瓶塞放在表面皿上　　(C) 错误操作

图 3-1-2　试剂瓶瓶塞的放置

(1)固体试剂的取用

①用干燥、洁净的药匙取固体试剂,不能用手直接接触化学试剂[图 3-1-3(A)]。多数药匙只有一个勺,通常由金属、牛角或者塑料制成。有些药匙两头各有一个勺,一大一小,实验者可以根据试剂用量大小选择[图 3-1-3(B)],专勺专用。用完的药匙必须洗净、晾干后放在干净的器皿中备用。用玻璃棒制作的小玻璃勺子可长期存放于盛有固体试剂的小广口瓶中,无须每次洗涤。

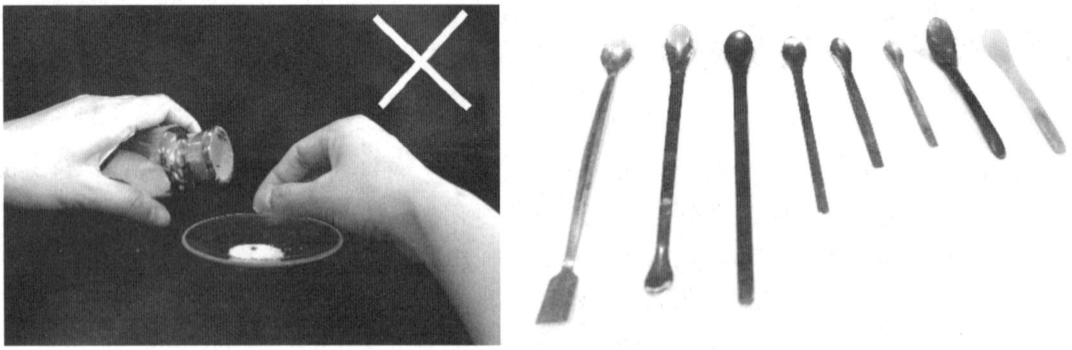

(A) 错误操作　　(B) 各种药匙

图 3-1-3　取用化学试剂的工具

②往试管里加入粉末状固体试剂时,可以用药匙(或者纸槽)。操作步骤是:将药品放在药匙或者对折的纸槽中,小心地伸入试管 2/3 处,再使试管直立起来(图 3-1-4)。

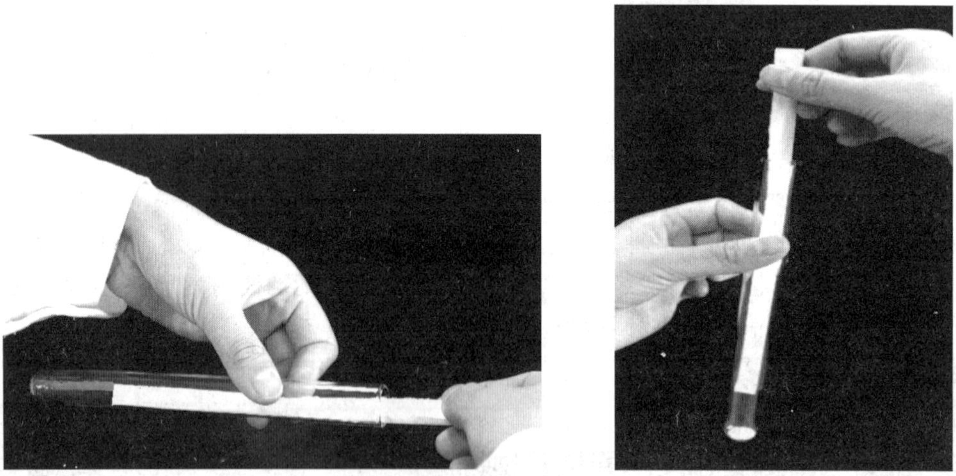

(A) 药品放在对折的纸槽中　　(B) 直立试管

图 3-1-4　向试管中加入固体粉末

加入块状固体时,应使其沿试管内壁滑下[图 3-1-5(A)],不得垂直悬空投入[图 3-1-5(B)]。如果固体的颗粒较大时,可先在洗净、干燥的研钵中研碎后再用。

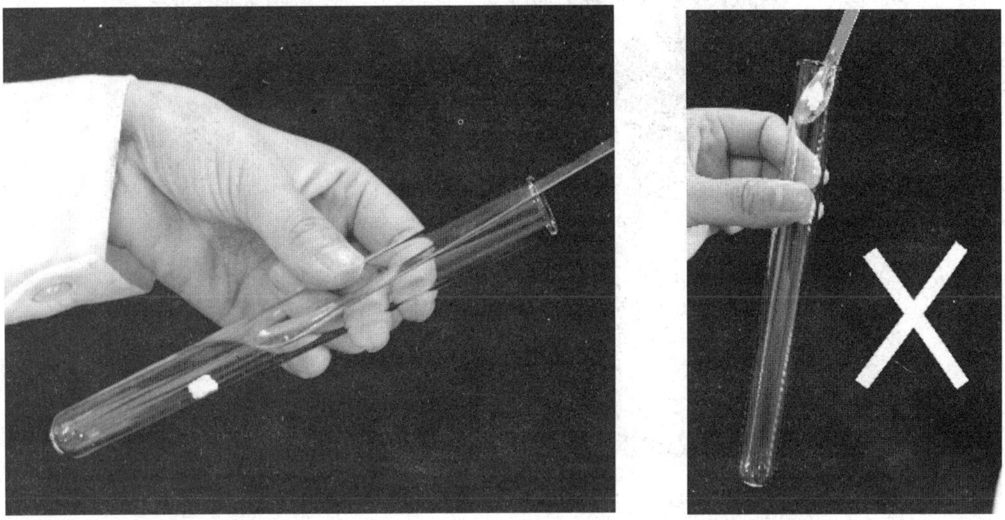

(A) 块状固体沿试管内壁滑下　　(B) 错误操作

图 3-1-5　向试管中加入块状固体

③取一定量的固体试剂时，把固体放在干燥的称量纸上，选用台秤或分析天平称量。有腐蚀性或者易潮解的固体(如氢氧化钠)必须放在表面皿上或者玻璃容器内称量(图 3-1-6)。多取的试剂不能倒回原来的试剂瓶中[图 3-1-7(A)]，可放在指定的容器中以供他用[图 3-1-7(B)]。

图 3-1-6　取定量固体试剂

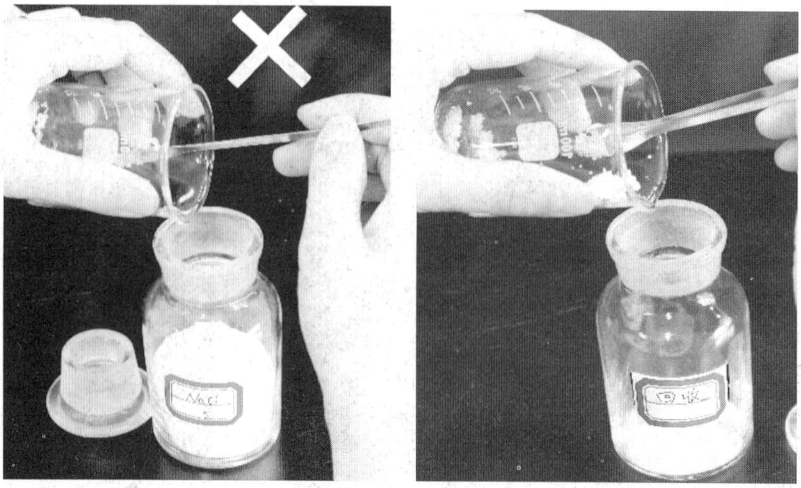

(A) 错误操作　　(B) 正确操作

图 3-1-7　多取的试剂处理方法

(2)液体试剂的取用

①从滴瓶中取用少量试剂时，先将滴管提至液面以上，用手指捏滴管上部的橡皮胶头，以赶走滴管中的空气，再将滴管伸入液面以下，放松手指，吸入试剂。再取出滴管，垂直地在试管口或烧杯的上方，将试剂逐滴滴入[图 3-1-8(A)]。使用滴管时应注意以下几点：a. 滴加试剂时禁止将滴管伸入试管或烧杯中；b. 滴瓶上的滴管是配套专用的，不可混用，不可将别的滴管伸入滴瓶中。使用后要将滴管放回原来的滴瓶中；c. 滴管使用过程中，应保持胶头在上，切不可将滴管倾斜、平放或倒置[图 3-1-8(B)]；d. 滴加完毕后，要先将滴管中未用完的试剂挤入原来的滴瓶中，且松开橡皮胶头后再将滴管放回滴瓶。

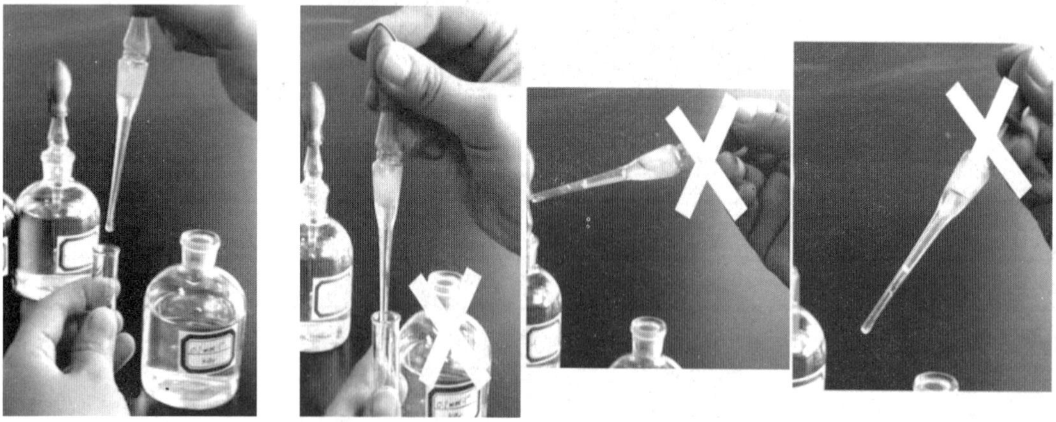

(A) 正确操作　　(B) 错误操作

图 3-1-8　从滴瓶中取用试剂

②从细口瓶中取用试剂时，常用倾注法。先将瓶塞取下，倒放在实验台上。然后，左手持容器(试管或量筒)，右手握试剂瓶贴标签的一面，瓶口紧靠容器的边缘，慢慢地倾斜试剂瓶，

让试剂沿着洁净的容器壁流入[图 3-1-9(A)]。取出所需量后，将试剂瓶口在容器上靠一下，再逐渐竖起瓶子，以免遗留在瓶口的液滴流到试剂瓶的外壁。若容器是烧杯，则需要用玻璃棒“引流”[图 3-1-9(B)]。左手持玻璃棒，试剂瓶口靠在玻璃棒上，逐渐倾斜试剂瓶，让试剂沿着洁净的玻璃棒流入烧杯中，倾注结束，试剂瓶沿玻璃棒向上提一下。

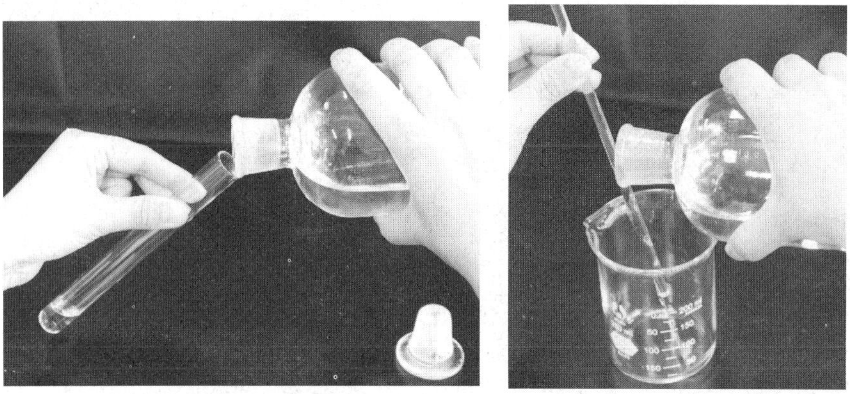

(A) 向试管中倾注溶液　　(B) 向烧杯中倾注溶液

图 3-1-9　倾注法取液体试剂

③取用准确体积的液体试剂时，根据不同的精密度要求，可以使用量筒或移液管等。量筒常用于量取一定体积的液体，根据所需量不同，选用不同容量的量筒。取用操作如②中所述，读取体积时，视线要与量筒内液体的凹液面实现的下缘相平，俯视导致结果偏低，仰视导致结果偏高(图 3-1-10)。注意：对于浸润玻璃的透明液体，观察最低凹液面；对于浸润玻璃的不透明液体或深色液体，观察凹液面的上部；对于不浸润玻璃的液体，如水银，观察凸液面的上部。

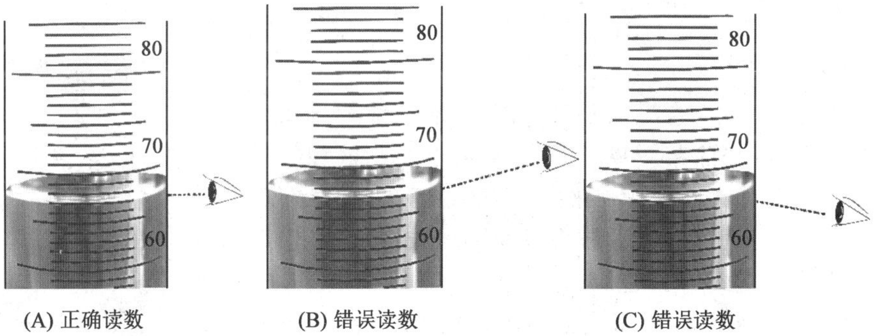

(A) 正确读数　　(B) 错误读数　　(C) 错误读数

图 3-1-10　量筒的读数

④在普通化学实验中，试剂的用量通常要求不是很准确，不必称量或者量取，估量即可。对于固体试剂，常要求少量或者约 0.5 g，可用药匙的小头取 1 平勺；若要求取米粒、绿豆粒或黄豆粒大小，则取相当大小即可。对于液体试剂，通常 1 mL 试剂 20～25 滴。不同的滴管，滴出的液滴大小不一样。

2. 溶液的配制

在化学实验中经常要配制不同浓度和不同要求的溶液。溶液的配制按实验要求可分为一般溶液的配制和准确溶液的配制。前者准确度不高，用于定性实验，后者准确度高，用于定量实验。

(1)粗略配制

①计算配制一定体积溶液所需的药品(固体或液体)质量。②用电子天平称量固体药品。③将药品倒入洁净的烧杯中,用量筒量取所需体积的溶剂。④溶解或稀释。若用固体药品配制溶液,先用量筒中的部分溶剂溶解,再将剩余的溶剂完全倒入烧杯中,如有需要可加热溶解。溶解时可用玻璃棒不断搅拌,使溶解充分并混合均匀。若用液体药品配制溶液,则根据用量用量筒量取试剂,进行稀释,用玻璃棒搅拌均匀(注意:稀释浓硫酸时把浓硫酸沿器壁慢慢地注入水中,并用玻璃棒不断搅拌)。⑤搅匀后,转移至试剂瓶中。若在溶解、稀释的过程中有吸热或放热现象,则将溶液放置至室温再转移到试剂瓶中。立即贴上标签,注明试剂的名称、浓度和配制日期。

(2)精确配制

①计算药品(固体或液体)的用量。注意有效数字的保留,一般保留到小数点后 4 位。②称量药品。对于固体药品,用分析天平(0.000 1 g/分度)称量药品,倒入洁净的烧杯中;对于液体药品,用适当体积的吸量管移取液体,转移至容量瓶中。③溶解或稀释。若用固体药品配制溶液,先用少量溶剂溶解,如有需要可加热溶解,玻璃棒搅拌均匀;若是液体药品可直接进行下一步操作。④转移、洗涤及定容。若用固体药品配制溶液,将③中所得溶液转移至容量瓶中,将小烧杯及玻璃棒用溶剂洗涤 3 次,并将洗涤液也转移至容量瓶中。若是液体药品,直接按照容量瓶操作进行。若在溶解、稀释的过程中有吸热或放热现象,则将溶液放置到室温再进行定容。⑤摇匀。立即贴上标签,注明试剂的名称、浓度和配制日期。

注意:a.使用容量瓶前,要先进行检漏;b.精确配制时,固体药品必须完全溶解后才可转移至容量瓶中。若固体不易溶解可在烧杯中加热溶解,切不可用容量瓶加热。

3.2 固、液分离与提纯

1.固、液分离

在普通化学实验中,当溶液中有不溶杂质,或液相中反应生成沉淀,或加入沉淀剂去除某些离子时,需要将沉淀从液相中分离出来。溶液与沉淀的分离方法有 3 种:倾泻法、过滤法、离心法。

(1)倾泻法　当沉淀的比重较大或结晶颗粒较大,静置后能较快沉降至容器底部时,常用倾泻法进行沉淀的分离。操作如下:把沉淀上部的清液沿玻棒小心倾入另一容器内,使沉淀与溶液分离(图 3-2-1)。如果沉淀需要洗涤,则向盛沉淀的容器内加入少量洗涤液(通常为蒸馏水),进行充分搅拌后,静置,待沉淀沉降后,再用倾泻法倾去溶液。如此反复操作两三遍,即能将沉淀洗涤干净。

图 3-2-1　倾泻法分离沉淀

(2)过滤法　分离溶液与沉淀最常用的操作方法是过滤。溶液和沉淀的混合物通过过滤器(如滤纸)时,沉淀留在过滤器上,溶液则通过过滤器,过滤后所得的溶液叫作滤液。

溶液的黏度、温度、过滤时的压力以及沉淀物的性质、状态、过滤器孔径大小都会影响过滤速度。溶液的黏度越大,过滤越慢。热溶液比冷溶液容易过滤。减压过滤比常压过滤快。故实际操作时,应考虑各因素的影响来选择不同的过滤方法。

过滤方法主要有常压过滤(普通过滤)、减压过滤(抽滤或真空过滤)和热过滤等。

①常压过滤(普通过滤)　在常压下,使用玻璃漏斗和滤纸进行过滤(二维码 3-1)。玻璃漏斗的锥体角度一般为 60°。

二维码 3-1　常压过滤

滤纸按用途可分为定性和定量 2 种,普通化学实验中一般采用定性滤纸;按滤纸的空隙大小,又分"快速""中速""慢速"3 种。常压过滤适合于过滤胶体沉淀或晶形沉淀,过滤速度比较慢。

过滤时,把合适大小的圆形或者方形滤纸对折 2 次呈扇形(若呈方形则需剪成扇形),展开后呈锥形,一侧为一层,另一侧为 3 层,刚好与 60°的漏斗贴合(图 3-2-2)。如果漏斗的角度不是 60°,应适当改变滤纸折成的角度,使之与漏斗紧密贴合。滤纸边缘应略低于漏斗边缘(0.5～1 cm)。把滤纸 3 层一边外界 2 层撕下 1 小角(保存,以备擦拭烧杯中残留的沉淀用),以使漏斗与滤纸贴紧。用食指把滤纸按在漏斗内壁上,用水润湿滤纸,轻压滤纸以赶走其和漏斗之间的气泡,再向漏斗中加水至将近滤纸边缘,此时漏斗颈内应全部充满水,形成水柱。

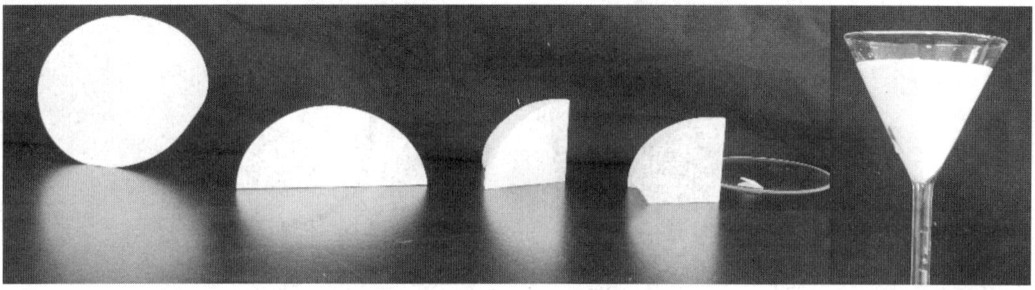

图 3-2-2　滤纸的折叠与安放

将准备好的漏斗放在漏斗架上,下边放洁净的接收器(通常为烧杯)。调节漏斗架的高度,使漏斗的出口斜面长的一端紧靠在接收器的内壁上,且漏斗的高度应以其出口不触及烧杯中的滤液为准。过滤时一般采用倾泻法。待沉淀沉降后,先转移溶液,再向烧杯中加入少量洗涤液,搅拌沉淀充分洗涤,静置,待沉淀沉降后,再转移上清液,如此重复洗涤两三遍,最后转移沉淀。这样不会因为沉淀堵塞滤纸的空隙而减慢过滤速度,并且充分洗涤了沉淀。转移时应使用玻璃棒引流,使玻璃棒接近 3 层滤纸处,漏斗中的液面应低于滤纸边缘(图 3-2-3)。溶液过滤完以后,用洗瓶挤出少量蒸馏水洗涤原烧杯壁和玻璃棒,洗涤液也转移到漏斗中过滤。

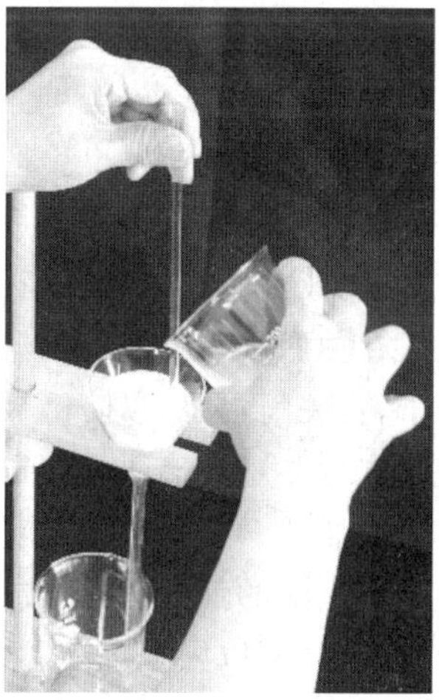

图 3-2-3　过滤操作

过滤操作可归纳为"一贴二低三靠":a."一贴",使湿润的滤纸紧贴漏斗内壁而无气泡; b."二低",一指滤纸的边缘要稍低于漏斗的边缘,二指液面要低于滤纸的边缘;c."三靠",一是指烧杯嘴要靠在倾斜的玻璃棒上,二是指玻璃棒的下端要垂直接近 3 层滤纸处,不要碰到滤纸,三是指漏斗的颈部出口斜面长的一端要紧靠接收滤液的烧杯内壁。

在常压过滤时应注意:玻璃棒下端应对着 3 层滤纸处,以防液滴把单层滤纸冲破。每次倾入漏斗的过滤溶液不能超过滤纸高度的 2/3;倾注停止时,烧杯不能马上离开玻璃棒,应将烧杯嘴对着玻璃棒上提 1～2 cm,再慢慢地把烧杯扶正,离开玻璃棒,使得烧杯嘴上残留的液滴沿玻璃棒流至漏斗中;玻璃棒不要放在烧杯嘴处,以免沾在玻璃棒上的沉淀丢失或污染。

②减压过滤(又称抽滤) 减压过滤是利用抽气泵使抽滤瓶中的压强降低,以达到固液分离的目的的操作。其装置需要布氏漏斗、抽滤瓶、胶管、抽气泵、滤纸等组装而成(二维码 3-2)。

减压过滤可缩短过滤时间,并把沉淀抽吸得比较干燥,但它不适用于胶状沉淀和颗粒太细的沉淀的过滤。

二维码 3-2 减压过滤

减压抽滤常使用瓷质的内有很多小孔的布氏漏斗。漏斗配以橡皮塞,装在吸滤瓶上,注意漏斗下端斜口的位置(图 3-2-4),漏斗颈下方的斜口要对着吸滤瓶的支管处。在连接水泵的橡皮管和吸滤瓶之间安装 1 个安全瓶,用以防止因关闭水泵后流速改变引起自来水倒吸入吸滤瓶将滤液污染。

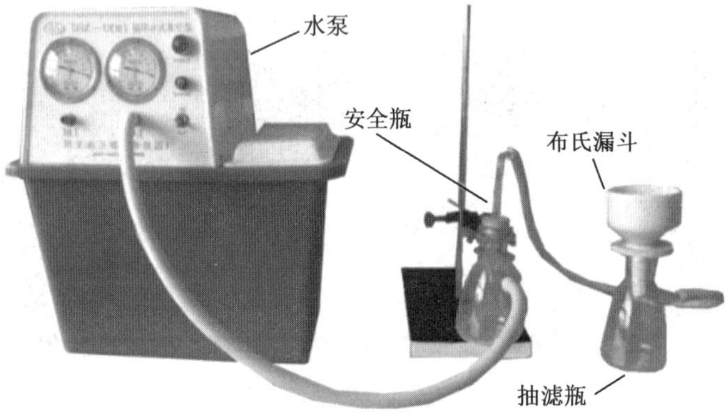

图 3-2-4 抽滤装置

抽滤时,滤纸直径应比布氏漏斗的内径略小,但又可覆盖所有的瓷孔。将滤纸放入布氏漏斗中,铺平,用洗瓶挤出少量蒸馏水润湿,打开水泵抽气,使得滤纸紧贴漏斗,然后向漏斗中转移滤液。转移溶液时,先将上层清液沿玻璃棒倾入漏斗,每次倾入量不应超过漏斗容量的 2/3。滤液抽滤完以后,再转移沉淀,沉淀应尽量平铺在滤纸上,抽滤至漏斗中不再有液体流出。在抽滤过程中,注意吸滤瓶中的滤液应低于其侧面的支管。抽滤完毕,先打开安全瓶上的塞子,再关闭水泵,以防倒吸。沉淀洗涤时,应减小抽滤速度,使洗涤剂缓慢通过沉淀物,使洗涤更充分。用玻璃棒轻轻揭起滤纸边缘,取出滤纸和沉淀,将沉淀转移至干净的器皿中。滤液由吸滤瓶的上口倒出,不能从支管倒出,以免发生污染。

有些浓的强酸、强碱或者强氧化剂溶液,过滤时不可用滤纸,可选用石棉纤维,或可选用玻璃砂漏斗,可以根据沉淀颗粒的大小选用不同的规格。但是它不适合强碱性溶液的过滤,因其会腐蚀玻璃。

③"趁热过滤"与热过滤 趁热过滤指将温度较高的固液混合物直接使用常规过滤操作进行过滤;热过滤指使用区别于常规过滤的仪器、保持固液混合物温度在一定范围内的过滤过程。将短颈玻璃漏斗放置于铜制的热漏斗内,热漏斗内装有热水以维持溶液的温度

(图 3-2-5)。内部的玻璃漏斗的颈部要尽量短些,以免过滤时溶液在漏斗颈内停留过久,散热降温,析出晶体使装置堵塞。

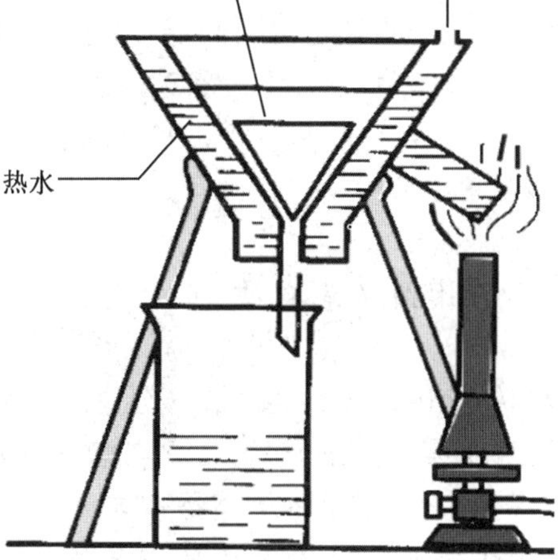

图 3-2-5　热过滤装置

当溶质的溶解度对温度极为敏感、温度降低易结晶析出时,可采用热滤漏斗过滤(热过滤)。热过滤的优点是能够使待过滤的滤液一直保持或接近其沸点,尤其适用于滤去热溶液中的脱色炭等细小颗粒的杂质。

二维码 3-3　低速离心机的使用

(3)离心法　离心法是借助于离心力,使比重不同的物质进行分离的方法。当试管反应中得到的少量溶液与沉淀需要分离时,常使用离心分离法,该方法操作简单、分离迅速。

实验室常用离心机(二维码 3-3)如图 3-2-6 所示。

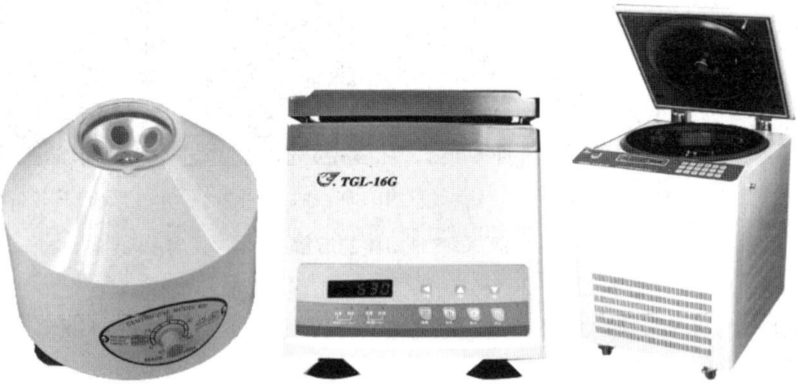

(a) 低速台式离心机　(b) 高速台式离心机　(c) 大容量立式离心机

图 3-2-6　实验室常用离心机

离心操作如下：把盛有混合物的离心管对称（位置与重量都要对称）放入离心机的套管中，若只有1支样品管，另外1支要用等质量的水代替。盖上离心机盖，缓慢启动离心机，再逐渐加快。离心时间一般为2 min，离心期间实验者不得离开。分离结束，在离心机自然停止转动后，方可打开离心机盖，取出样品，不可用外力强制停止转动。

由于离心的作用，沉淀紧密地聚集在离心管的底部，上方的溶液是澄清的（上清液）。上清液可用滴管小心地吸出，也可用倾泻法倾出。用滴管吸出时，注意滴管不可接触沉淀，吸的时候要缓慢进行，不可过快。若沉淀需要洗涤，则向离心管中加入少量洗涤液，用玻璃棒轻轻地充分搅拌，再进行离心分离，如此重复操作两三遍即可。

2. 固体物质的提纯

固体物质的提纯过程，经常会用到溶解、过滤、蒸发（浓缩）、结晶（重结晶）与升华等基本操作。

（1）固体的溶解　首先根据被溶解固体的性质选择合适的溶剂。普通化学实验中，常用的溶剂是蒸馏水。将固体物质溶解于某一溶剂时，通常要考虑温度对溶解度的影响和实际需要来取用适量的溶剂。溶解的具体操作如下：对于固体颗粒较大且不易潮解的固体，先用研钵研细，然后将固体粉末倒入烧杯，加溶剂，再用玻璃棒搅拌（图3-2-7）。搅拌时，手持玻璃棒并转动手腕，轻轻地使玻璃棒在容器中部的液体中均匀地沿顺时针或逆时针转动，使固体与溶剂充分接触而加快溶解。必要时，可以加热促进固体溶解，因为大多数物质的溶解度随着温度的升高而增大。加热时，根据被溶解物质的热稳定性，可选用直接加热或者水浴间接加热的方法（二维码3-4）。

二维码3-4　固体的溶解

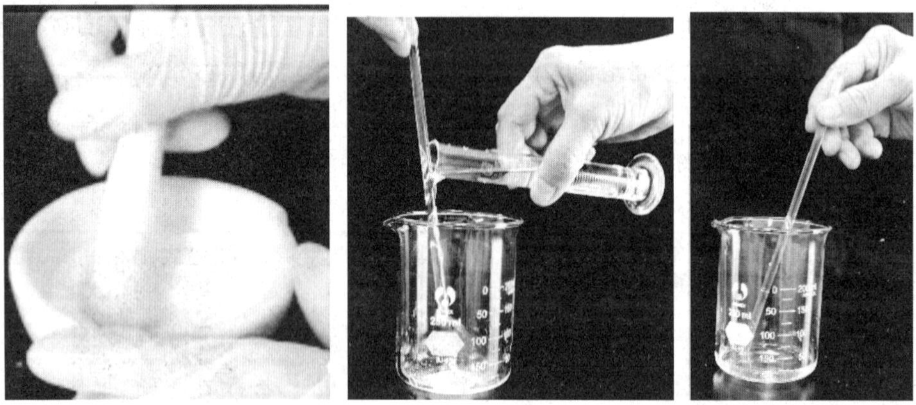

(A) 研细固体　　(B) 加溶剂　　(C) 搅拌溶解

图3-2-7　固体的溶解

搅拌时应注意：玻璃棒不可刮擦容器壁；不能将液体胡乱搅动，甚至将液体溅出容器外；也不可用力太大而碰坏容器。

（2）过滤[见本章3.2节1-(2)]

（3）蒸发（浓缩）　通过加热使溶液中溶剂（通常为蒸馏水）不断蒸发，溶液不断浓缩而慢慢析出溶质晶体。蒸发通常在蒸发皿中进行，因为它具有较大的表面积，有利于加速溶剂蒸发。蒸发时，加入蒸发皿中的液体不可超过容量的2/3，以防止液体溢出。可以随着溶剂的蒸发，慢慢地分多次地加入溶液。不要使瓷蒸发皿骤冷，以防止爆裂。加热可根据实际情况选择直接加热或用水浴间接加热。若物质的溶解度随温度变化较小，应加热到溶液表面出现晶膜再停止加热。若物质的溶解度随温度变化较大或本身溶解度较小，则不必蒸至液面出现晶膜就可以停止加热，让其冷却。

(4)结晶(重结晶)与升华　结晶是纯化固态物质的重要方法之一。结晶通常可分为蒸发法和冷却法。前者是通过加热蒸发溶剂，使溶液达到过饱和而析出晶体，此法多用于溶解度随温度变化而变化不大的固体(应用于氯化钠提纯实验)。后者是让溶液冷却(自然冷却法、快速冷却法)，而使溶液达到过饱和，进而析出晶体，该方法主要用于溶解度随温度变化而变化较大的固体。实验中，有时需将2种方法结合使用。

结晶时，若需加快过程，可用玻璃棒摩擦器皿内壁或者加入晶种。析出晶体的颗粒大小与结晶条件有关。通过蒸发法和快速冷却法得到的晶体颗粒较细，自然冷却法析出的晶体则较大，但因为结晶速度过快，晶体的纯度不高，结晶中会包裹溶液和杂质。

若第1次结晶得到的晶体纯度不符合要求，可继续溶解、蒸发、结晶、分离，再次得到晶体，如此反复的操作过程称为重结晶。重结晶可以使不纯净的物质获得纯化，或使混合在一起的盐类彼此分离。若需要精制某物质，可进行多次重结晶。

升华是纯化固体有机物的方法之一。常用于分离易挥发且热稳定的固体物质。采用升华方法提纯的固体物质必须满足在低于其熔点温度下，具有相当高蒸汽压(≥2 660 Pa)的条件。

升华操作可分为常压升华和减压升华2种。在制备实验时，如果量较大，升华可在烧杯中进行。在烧杯上放置1个通冷水的圆底烧瓶，使蒸气在烧瓶底部凝结成晶体，并附着在瓶底(图3-2-8)。

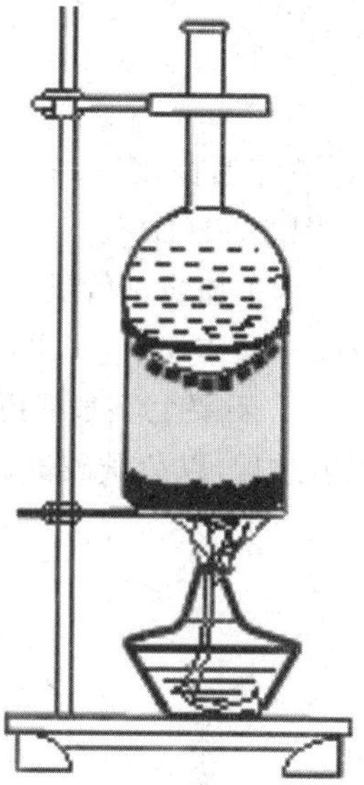

图 3-2-8　升华装置图

3.3　定性分析实验基本操作

1. 试管的有关操作

试管可作为少量试剂的反应容器，操作简单，便于观察实验现象，因而是普通化学定性分析实验中最常用的仪器。特别是在学习沉淀生成与溶解、氧化还原反应与氧化还原平衡、配合物的生成与配位平衡以及元素性质时，因试管实验具有简单、快捷、用量少、现象直观等特点，所以是掌握物质性质与反应的快速、有效的实验。因此，有关试管实验的操作必须熟练掌握，操作自如。试管实验的操作主要包括试管的振荡和搅拌、试管中液体、固体的加热以及试管中液体的倾倒等。

(1)试管的振荡和搅拌　为使试管中的反应物充分接触、混合均匀并充分反应，需要振荡试管。操作如下：拇指和中指或拇指和食指拿住试管的中上部(不可太靠上)，试管稍微倾斜，手腕用力振荡或用中指轻轻敲打试管[图3-3-1(A)]。

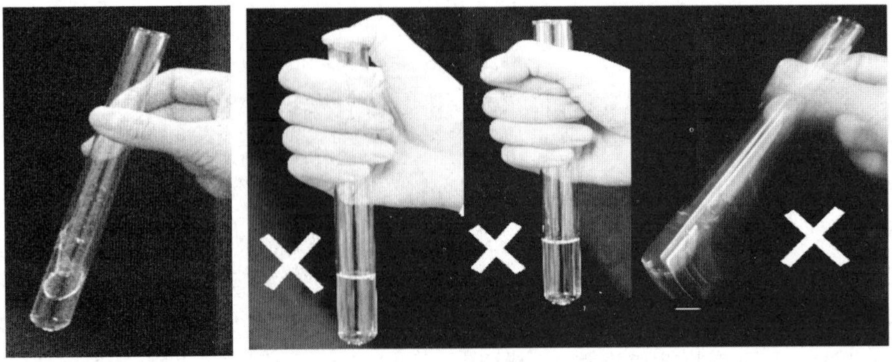

(A) 正确操作　　(B) 错误操作

图 3-3-1　试管的振荡

5 指紧握试管、上下振动试管、用力甩动、用手指堵住试管口上下摇动等操作都是错误操作[图 3-3-1(B)]。

为了加快试管反应,特别是固、液反应或者有沉淀生成的反应,通常需要搅拌试管中的反应物。操作如下:一手持试管,另一手持玻璃棒,插入试管内反应物中,轻轻旋转搅拌[图 3-3-2(A)]。不要上下来回搅动,不要触碰到试管壁(实验中特别要求摩擦试管壁的除外),也不要用力过猛,以免戳破试管[图 3-3-2(B)]。

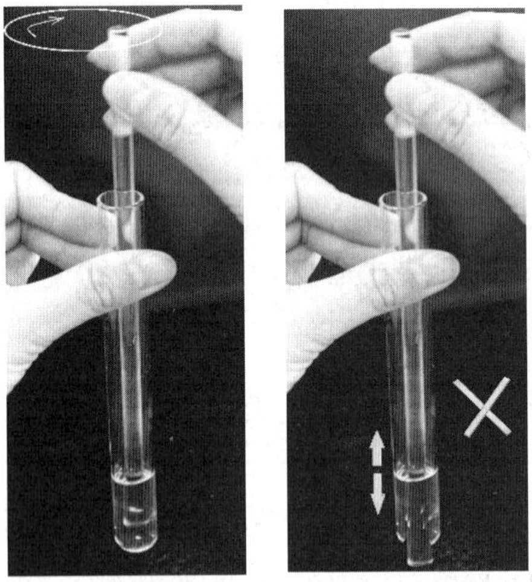

(A) 正确操作　　(B) 错误操作

图 3-3-2　试管中溶液的搅拌

(2)试管中液体的加热　在试管反应中,内容物的总体积不应超过试管总容量的 1/3。试管中液体的加热既可在水浴中加热,也可在火焰上直接加热。水浴加热可在烧杯中进行。在火焰上加热的操作如下:用试管夹夹持试管的上部(约 1/4 处),试管稍微倾斜,试管口不可对着他人或自己[图 3-3-3(A)]。加热过程中要使试管中溶液受热均匀,可先加热液体的中上部,再慢慢往下移动加热溶液的下部。加热过程中要不时地上下移动试管或振荡。

手持试管加热、试管夹夹持位置太靠下、试管口对着他人或自己、试管加热过于集中(试管内液体局部过热骤然产生蒸汽，将液体冲出管外）等都是错误操作[图 3-3-3(B)]。

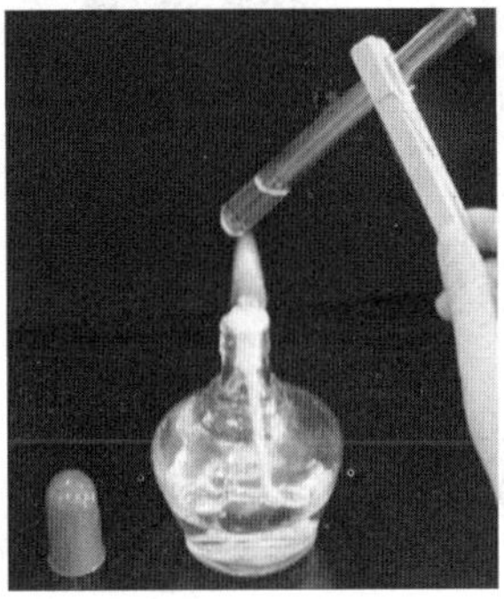

(A) 正确操作

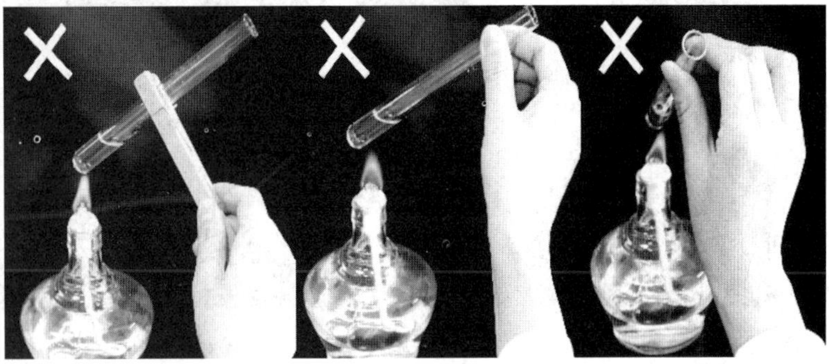

(B) 错误操作

图 3-3-3 试管中液体的加热

（3）试管中固体的加热　加热试管中固体时，固体试剂的体积不应超过试管总容量的1/3，固体应平铺在试管的底部，若是块状或大颗粒的固体应在研钵中研细再盛装。加热时试管口应稍微向下倾斜，以免试管口凝结的水珠回流到试管底部而引起试管破裂。加热过程中，先来回移动酒精灯，使整个试管受热，再集中加热固体盛放位置。一般随着反应进行，火焰应从固体药品的前部慢慢地往后部移动。试管可用试管夹夹持加热（移动试管），也可用铁夹固定在铁架台上进行加热（图 3-3-4）。

加热时，固体堆积在底部、试管口竖直向上或朝上倾斜都是错误操作。

图 3-3-4 试管中固体的加热

（4）试管中液体的倾倒　进行试管实验时，有时需要将反应液取出，或是将反应液分成几份再做实验，此时需要将溶液转移至其他试管或者烧杯中。若本身反应液体积较少，可用滴管进行操作；若溶液较多，则可采用倾倒法。操作如下：盛放溶液的试管口与试管口或烧杯口对齐，倾斜试管，让溶液沿着试管壁或烧杯壁慢慢地流下。停止倒液时，应将上部试管往上提一下再竖直，以防止试管口的溶液流到试管外壁上（图 3-3-5）。

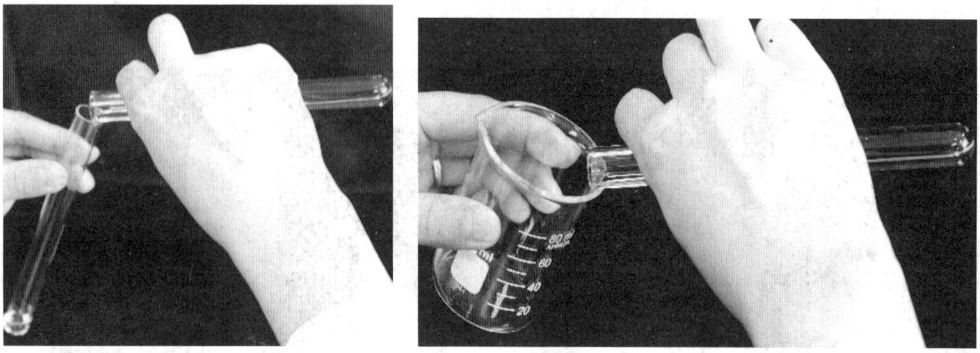

图 3-3-5　试管中液体的倾倒

2. 离心管的有关操作

做沉淀性质实验时经常使用离心管，区别于试管，离心管底部呈锥形。离心管中有关沉淀的操作主要有沉淀的生成、沉淀的分离、沉淀的洗涤、沉淀的转移和沉淀的溶解 5 部分。操作时要区分“滴加”与“加入”的不同，“滴加”是指每加入 1 滴试剂都要振荡，观察后再加入下一滴，再振荡，“加入”则是连续地滴加溶液。见二维码 3-5。

二维码 3-5　定性分析技术

(1)沉淀的生成　将待沉淀离子加入离心管中，逐滴滴加沉淀剂，生成沉淀，将生成的沉淀进行离心沉降，离心后检验沉淀是否完全，加 1 滴沉淀剂于上层清液中，仔细观察上层清液中有无新的沉淀生成，如果溶液仍透明，表示沉淀完全，否则，继续滴加试剂，重复上述操作直至沉淀完全。

(2)沉淀与溶液的分离　沉淀完全后，将沉淀与溶液分离，斜持离心管，挤压滴管上端的胶头，排出空气，把滴管尖端伸入离心管上层清液中，吸取溶液，注意吸取过程中缓慢松开胶头，滴管要逐渐随着溶液液面降低而下移，离心管倾斜度随之加大，滴管尖端不可触及沉淀。溶液被吸入滴管后，将滴管从离心管中取出，把溶液移入另 1 支离心管中。如有必要可重复上述操作(图 3-3-6)。

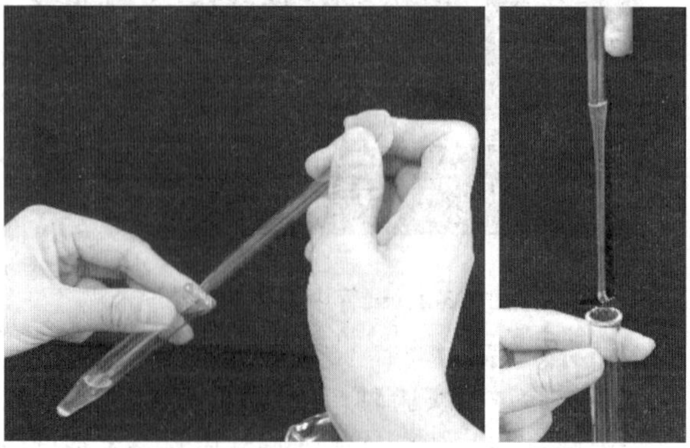

图 3-3-6　沉淀与溶液的分离

(3)沉淀的洗涤　要得到纯净的沉淀，需将上述沉淀进行洗涤，洗涤沉淀的方法是：向沉淀上加入一定量的洗涤液，用玻璃棒充分搅拌，进行离心沉降，离心完毕后用滴管吸出洗涤液，一般需将沉淀洗涤2～3次，必要时应检验是否洗净。

(4)沉淀的转移　沉淀洗涤后，若需分成几份，可在沉淀上加几滴蒸馏水，用玻璃棒将沉淀搅动成悬浊液，将滴管伸入液面下，吸取悬浮液，把它放入另1支离心管中即可。

(5)沉淀的溶解　溶解沉淀时，向沉淀上滴加溶解沉淀的试剂，用玻璃棒不断地搅拌，直至沉淀溶解，沉淀的溶解一般都在分离和洗涤后立即进行，长时间放置的沉淀较难溶解，有的溶解反应需要在热水浴中进行。

第4章　化学理论基础实验

实验1　仪器的认领、洗涤和干燥

【实验目的】

(1)了解普通化学实验室的规则和要求。

(2)认领普通化学实验常用仪器及了解其使用方法和注意事项。

(3)学习常用仪器的洗涤及干燥方法。

(4)掌握检查仪器洗净的方法。

【实验技术】

(1)玻璃仪器的洗涤(见2.2.1)。

(2)玻璃仪器的干燥(见2.2.2)。

【试剂与仪器】

常用玻璃仪器,毛刷,去污粉,洗衣粉,铬酸洗液,无水乙醇。

【实验步骤】

1.仪器认领

根据每学期开设的实验内容而定,见表4-1-1。

表4-1-1　仪器清单

名称	规格	数量	名称	规格	数量
烧杯	500 mL	1个	锥形瓶(三角瓶)	150 mL	1只
	100 mL	2个		250 mL	3只
试管	15 mm×100 mm	10支	量筒	10 mL	1只
	30 mm×200 mm	2支		25 mL	1只
离心试管	5 mL、10 mL	10支	滴管		2支
漏斗	6 cm	1个	玻璃棒		2支
试管架		1个	试管夹		1个
蒸发皿	60 mL	1个	点滴板	6孔	1个

2.仪器的洗涤与干燥练习

(1)玻璃仪器的洗涤

①振荡水洗　对试管烧杯量筒等普通玻璃器,可在容器内注入1/3体积左右的自来水。

用力振荡后将水倾出，反复数次，直至洗涤干净。振荡既可使可溶物溶去，又可使附着在仪器壁上的灰尘及不溶物脱落下来。为了加速溶解，洗涤时必须振荡。

用自来水洗涤 100 mL 烧杯和 25 mL 量筒。再用蒸馏水淋洗 3 次。

②毛刷刷洗　对仪器内壁附有不易冲洗掉的物质，可用毛刷刷洗，利用毛刷对仪器内壁的摩擦使不牢的灰尘及不溶物脱落下来。首先将仪器内的废液倒掉，然后注入仪器容积一半量的自来水，选择相应的毛刷，来回柔力刷洗。

用刷子刷洗试管和离心管。然后用自来水冲洗干净，蒸馏水淋洗 3 次。

③用洗涤剂刷洗　对于不溶性的、用水也刷洗不掉的污物，我们常用毛刷蘸取肥皂液或是去污粉来刷洗。用洗涤剂洗涤 250 mL 锥形瓶。然后用自来水冲洗干净，蒸馏水淋洗 3 次。

④用铬酸洗液刷洗(见 2.2.1 内容)　对于口小、管细、不便用毛刷刷洗的玻璃仪器，可用铬酸洗液来洗涤。用铬酸洗液洗涤 10 mL 刻度吸量管和 250 mL 容量瓶。

⑤仪器洗净的检查　玻璃仪器内壁清洗干净的标准是器壁内出现均匀水膜，既不聚成水滴，也不成股流下。

检查洗涤的仪器是否符合标准。

(2)玻璃仪器的干燥　用吹干法、烤干法、有机溶剂干燥法干燥洗净的仪器。

【实验说明】

(1)铬酸洗液有很强的腐蚀性，使用时注意操作规范，避免溅到衣服及实验台上。

(2)洗涤任何仪器都不能用手直接抹擦。

(3)不要同时拿多个仪器一起刷，以免仪器破损。

(4)洗涤玻璃仪器时不能用力过猛，以免损毁仪器。

(5)带有刻度的计量仪器不能使用加热的方法进行干燥。

(6)厚壁瓷质仪器不得烤干。

【思考题】

(1)如何判断玻璃仪器是否洁净？

(2)铬酸洗液的正确使用方法？如何判断其是否有效？

(3)标准计量仪器能否使用加热的方法进行干燥？

(4)壁厚瓷质的仪器能否直接烤干？可以烘干吗？

(5)在烤干试管时，为什么试管口要略向下倾斜？

实验 2　简单玻璃工操作

【实验目的】

(1)了解酒精喷灯的构造，掌握其正确的使用方法。

(2)了解正常火焰各部分温度的高低。

(3)学会切割、弯曲、拉伸玻璃管的基本操作。

(4)学会制作简单的玻璃制品。

【试剂与仪器】

酒精喷灯，小砂轮，锉刀，玻璃管，镊子，石棉网，工业酒精。

【实验步骤】

1. 了解酒精喷灯的工作原理

观察座式喷灯构造,如图 4-2-1。

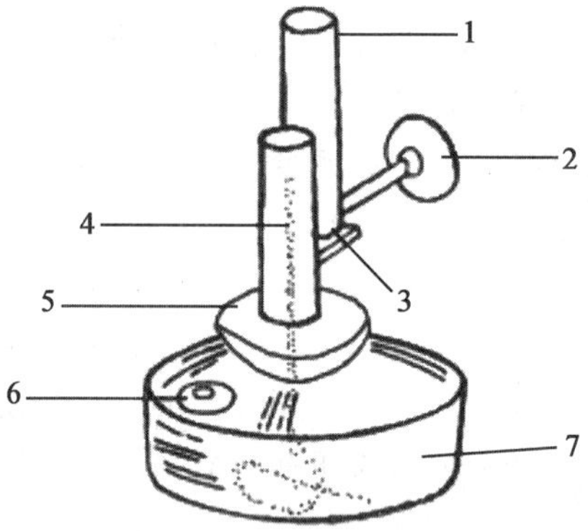

图 4-2-1 座式酒精喷灯的构造

1 灯筒 2 上下调火旋钮 3 灯嘴 4 灯芯 5 引火碗 6 油孔 7 酒精壶

酒精喷灯是实验中常用的热源。主要用于需加强热的实验、玻璃加工等。酒精喷灯按形状可分为座式喷灯和挂式喷灯两种。常用座式喷灯,点燃预热盘内的酒精,加热灯管,灯芯上吸附的酒精汽化从喷气孔喷出,遇到空气后,火焰会自动在灯管口产生。火焰的大小与喷气孔的大小及酒精蒸气的压强及空气的进入量有关。由于酒精喷灯的火焰是酒精蒸气点燃的,灯芯并不用来加热,所以整个火焰区呈现锥形,没有明显的分层,其火焰温度在 800℃左右,最高可达 1 000℃。

2. 按操作步骤点燃喷灯,得到稳定的火焰(见二维码 2-1)

(1)用通针将喷火孔扎通。

(2) 用漏斗从油孔注入酒精,注入量在灯身容积的 1/4～3/4 处,将盖子拧紧,避免漏气,然后倾倒一下,使立管内的灯芯被酒精湿润,注意酒精加入过多会喷出酒精,过少则会使灯芯烧焦。

(3)在引火碗内注入少量酒精。

(4)用火柴将引火碗内酒精点燃,待酒精快燃尽时,预热盘内燃着的火焰就会将喷出的酒精蒸气点燃,喷火筒开始喷火。

(5)用"上下调火旋钮"调节火力,待火焰稳定,将旋钮拧紧固定,即可工作。

(6)工作完毕,用石棉板盖住喷灯燃烧口或调节"上下调火的旋钮",加大空气量,灯焰即熄灭,然后稍微拧松油孔上的铜帽,使灯壶内的酒精蒸气放出。

3. 玻璃管的切割与弯曲

实验室用玻璃管一般是软质普通玻璃或二级硬质玻璃。普通玻璃断口为淡绿色,软化温度较低,可用酒精灯或煤气灯进行加工。二级硬质玻璃断口微黄,可用酒精喷灯进行加工。

(1)玻璃管的切割　将玻璃管平放在桌面上,按住要截断的地方,用小砂轮或锉刀的棱边用力由外向内,同时玻璃管由内向外转动,锉出一道印痕,然后在印痕处蘸上一点儿水,双手迅速握住印痕两边,凹痕向外,两拇指在凹痕的对面轻轻向外推,同时两手向相反的方向稍用力,玻璃管就可从印痕处截断,如图 4-2-2。将管口放入火焰中加热以熔去锋利的断口。

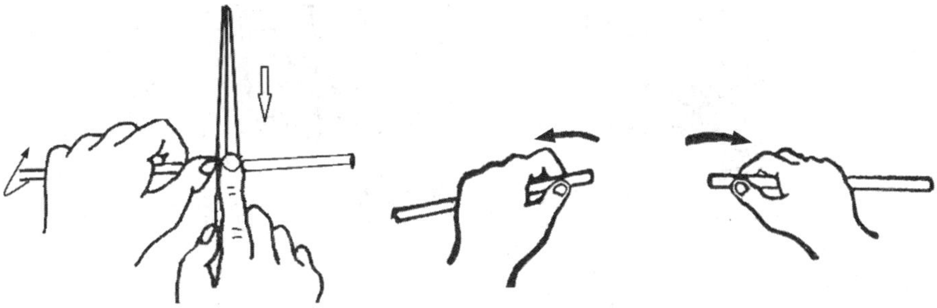

图 4-2-2　玻璃管的切割

(2)玻璃管的弯曲　弯曲玻璃管时应先把管子在小火上预热一下，然后把要弯曲的地方斜插入火焰内，再缓慢而均匀地向同一个方向转动。要随烧随转，两手转速要一致且用力均匀。当玻璃管受热发黄红光且充分变软时，即可离开火焰，随着玻璃管软化向下弯曲，两手轻轻向上抬，把它弯成一定的角度，如图 4-2-3。可重复操作，直到所需的角度。

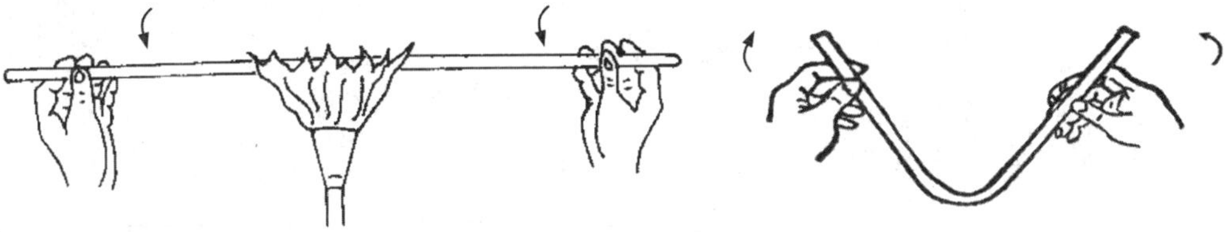

图 4-2-3　玻璃管的弯曲

玻璃管的弯曲一般有吹气和不吹气 2 种方法，对于管径不甚粗的管子用不吹气法。如果出现了凹瘪，可采用微吹气法予以纠正。将弯曲部分再加热至软化，然后用一只手的食指堵住一端管口，在另一端轻轻吹气，如图 4-2-4。

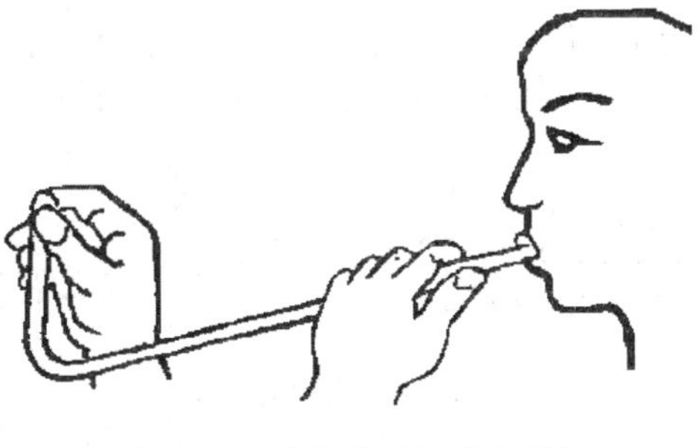

图 4-2-4　吹起法纠正弯曲部分

4. 玻璃管的拉伸

将玻璃管拉伸可以做成滴管和毛细管。首先将玻璃管在火焰上加热，方法与弯玻璃管相同，左手和右手握玻璃管作同轴转动，将玻璃管烧软烧透，管子红黄色且有下凹的趋势时才可把管子从火焰中取出，双手平稳地沿水平方向移动，开始慢再逐渐加快，拉成所需细度，如图 4-2-5。

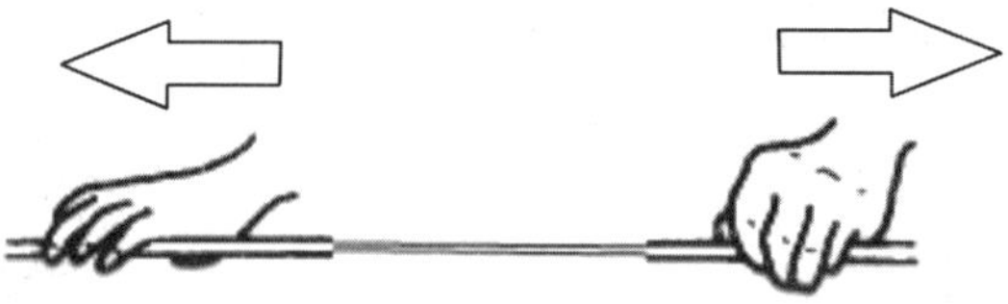

图 4-2-5 拉伸玻璃管

5. 实验制作要求

(1)用一些废玻璃管反复练习切割操作，截取长 28 cm 的玻璃管 5 支。

(2)把截好的长 28 cm 的玻璃管弯成 120°、90°、60°的弯管，如图 4-2-6 所示。

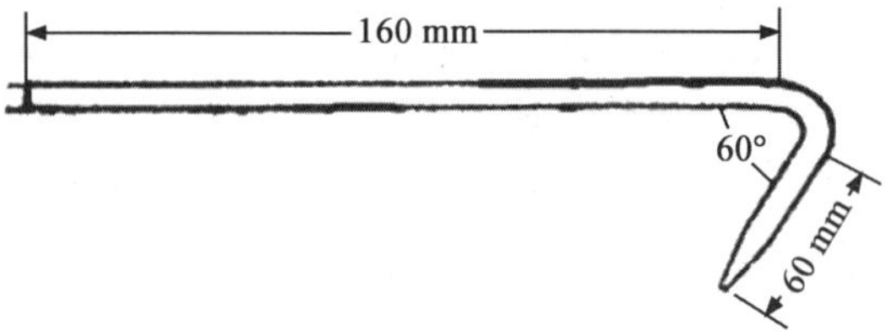

图 4-2-6 弯管规格

(3)制作滴管 2 支，规格如图 4-2-7 所示。

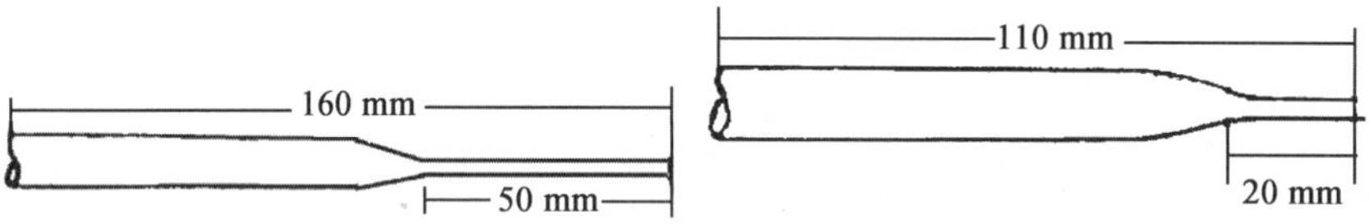

图 4-2-7 滴管的规格

如果拉出的玻璃管锥形不是很理想，可把玻璃管的锥形处再在火上烧软，适当地轻拉，直至所需的锥形。将截取的滴管细口用小火烧熔，注意不可封死；粗口部分灼烧至红热后，右手用镊子插入管口扩张，左手旋转玻璃管至适当口径，在石棉网上冷却后套上胶帽即可，如图 4-2-8。

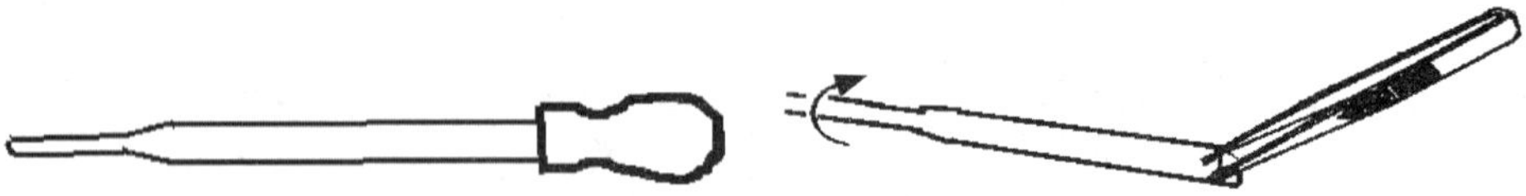

图 4-2-8 滴管的制作

(4)拉制管径为 1～2 mm 的毛细管若干支。

(5)制作离心管的搅棒 2 支，如图 4-2-9。玻璃棒的拉伸与玻璃管的拉伸操作相同，做离心管的搅棒时，拉细的尖端要熔出 1 个小球，另一端烧软后可在石棉网上按一下，做成平头小铲。

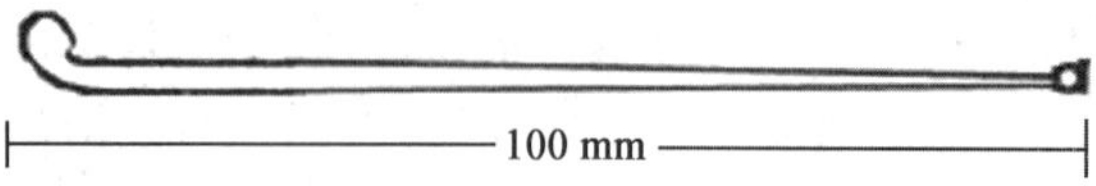

图 4-2-9 离心管搅拌棒的规格

【实验说明】

(1)喷灯在工作 0.5 h 后应停止使用,用水或湿抹布给灯身降温并添加酒精后方可使用。

(2)使用酒精喷灯时,下部不允许再加任何热源。决不能在灯身尚热的情况下往预热盘内或灯身内添加酒精。

(3)如果预热盘内酒精燃烧完,火焰仍不能正常产生,可检查喷气孔是否通畅或重复预热。

(4)在使用酒精喷灯时,随时注意喷火孔是否畅通。如发现喷火孔不够通畅时应立即停止使用,查找原因。

(5)用锉刀锉玻璃管时应向一个方向用力,不要来回拉锉。

(6)烧制好的玻璃品放在石棉网上冷却,应避免烧伤和烫伤。

(7)加热玻璃管时,加热的部分要稍宽些,同时要不时转动使其受热均匀。

(8)弯曲玻璃管时不能一面加热一面弯曲,一定要等玻璃管烧软后离开火焰再弯。

【思考题】

(1)酒精喷灯正常火焰由哪 3 部分组成?如何增大玻璃管的受热面积?

(2)调节喷灯上的上下调火旋钮,空气进口张开的大小与火焰变化有何关系?

(3)弯曲和熔光玻璃管时,应如何加热玻璃管?

(4)如何弯曲角度较小的玻璃管?

(5)熄灭酒精灯和酒精喷灯有什么不同,为什么?

(6)在本实验中,为了避免烫伤和割伤,要注意些什么?

实验 3　铝锌合金中组分含量的测定

【实验目的】

(1)了解气体分压的概念,掌握分压定律的应用。

(2)学习简单测量气体体积的基本操作。

(3)学习分析天平的使用。

(4)学习用计算机处理实验数据。

【实验原理】

金属铝和锌与稀硫酸反应放出氢气,

$$\mathrm{Al}+3\mathrm{H}^{+}=\mathrm{Al}^{3+}+\frac{3}{2}\mathrm{H}_2\uparrow$$

$$\mathrm{Zn}+2\mathrm{H}^{+}=\mathrm{Zn}^{2+}+\mathrm{H}_2\uparrow$$

由反应式可知,1 mol 金属铝可置换 1.5 mol 氢气,1 mol 金属锌可置换出 1 mol 氢气,如果准确称取一定质量的合金样品 mg,设铝锌合金的中铝的质量分数为 ω,则

$$\frac{3\,m\cdot\omega}{2M(\mathrm{Al})}+\frac{m\cdot(1-\omega)}{M(\mathrm{Zn})}=n(\mathrm{H}_2) \tag{1}$$

式(1)中,$M(\mathrm{Al})$、$M(\mathrm{Zn})$分别为金属铝和锌的摩尔质量,$n(\mathrm{H}_2)$为生成氢气的物质的量。

实验装置如图 4-3-1 所示。设实验装置左侧水面上方反应前密封的空气和水蒸气体积为 V_1，反应后水面上方所含空气，水蒸气和氢气的体积为 V_2，p 为大气压，$p(H_2)$为反应生成 H_2 的分压，p(空气)、p'(空气)分别为反应前后量气管中所密封的空气的分压，$p(H_2O)$、$p'(H_2O)$ 分别为反应前后量气管中所密封的饱和水蒸气的分压，则当反应装置两侧的水面相平时：

反应前 $$pV_1 = p(\text{空气})V_1 + p(H_2O)V_1 \tag{2}$$

反应后 $$pV_2 = p'(\text{空气})V_2 + p'(H_2O)V_2 + p(H_2)V_2 \tag{3}$$

如果保证反应前、后均在室温下进行反应，则：

$$p(H_2O) = p'(H_2O)$$

又因 $p(\text{空气})V_1 = p'(\text{空气})V_2$

(3)式－(2)式得：

$$\begin{aligned} p(V_2 - V_1) &= p(H_2O)(V_2 - V_1) + p(H_2)V_2 \\ &= p(H_2O)(V_2 - V_1) + n(H_2)RT \end{aligned}$$

$$n(H_2) = \frac{[p - p(H_2O)](V_2 - V_1)}{RT} \tag{4}$$

根据(4)式和(1)式即可求出铝锌合金中铝和锌的质量分数。

【试剂与仪器】

HCl(2 mol·L^{-1})，铝锌合金片。

分析天平(0.000 1 g/分度)，带有温度显示的大气压表，长颈漏斗，大试管，滴定管夹，铁架台，玻璃棒，导气管，量筒(5 mL)，量气管(50 mL)，烧杯(100 mL)。

【实验步骤】

1. 安装仪器

按图 4-3-1 所示安装仪器。装好后，取下试管 A，用烧杯从漏斗 B 徐徐地注入与室温平衡的蒸馏水，使漏斗和量气管中都充满水，并赶走导气管中的气泡。水面最好控制在量气管刻度 0.00～5.00 mL 处。装上试管 A，将塞子塞紧。

2. 检验装置是否漏气

把漏斗快速向下或向上移动至某固定位置，若量气管中的水面略有下降或上升后不再继续下降或上升，说明装置没有漏气现象。若水面不断下降或上升，说明装置漏气，应检查各连接处是否紧密、仪器是否有破损，重复上述操作直至装置不再漏气方可进行实验。

3. 称量

精确称取 0.025 0～0.035 0 g 的合金样品，数据记录于实验报告上。

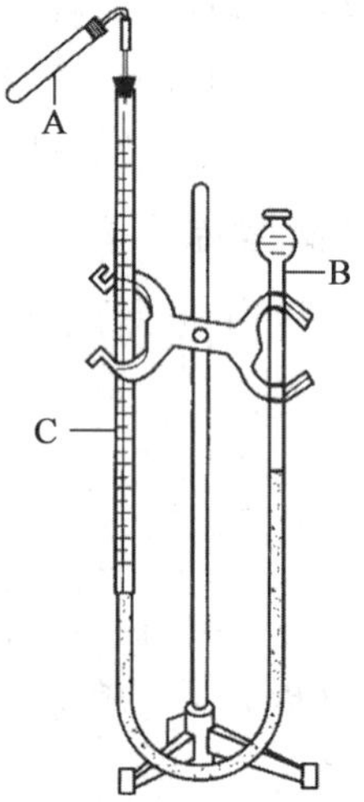

图 4-3-1 实验装置

A 试管 B 漏斗 C 量气管

4. 合金与稀酸反应前的准备

取下试管 A，用量筒量取 4 mL 2 mol · L^{-1} 的 HCl 溶液，用长颈漏斗注入大试管 A 中。小心移出漏斗，切勿使酸沾在试管壁上。将称量好的合金样品用少许水沾湿，微微倾斜试管，用玻璃棒轻推合金至试管内壁的中部略靠下的位置，注意合金样品不得与酸接触。小心装好试管 A，塞紧橡皮塞，并按前述方法再次检查装置是否漏气。如果装置不漏气，移动装置右侧的漏斗，使漏斗内液面与量气管内液面保持在同一水平面，此时，管内外的压力都等于大气压，记录量气管内液面的位置 V_1（准确到 0.1 mL）。

5. 氢气体积的测量

将试管 A 底部稍微向上提（此时注意按住管口处的橡皮塞，切勿使装置漏气），让酸液接触合金样品，待合金样品落入酸中，轻轻松开试管。此时反应开始，快速产生的氢气进入量气管中，使量气管液面下降。为防止量气管中压力过大引起漏气，在量气管内水平面下降的同时，可随时向下移动漏斗，使漏斗中的水面与量气管中的液面基本保持同一水平面。

反应停止后，待试管冷却至室温，量气管内的水面在 3 min 内几乎不再改变，（前后两次读数体积差在 0.1 mL 之内）移动漏斗，使漏斗液面与量气管液面相齐，记录量气管中液面位置 V_2。

【实验数据】

读取室温和大气压力，从附录中查出对应温度下水的饱和蒸汽压。

将实验数据填入表中，计算出铝锌合金中铝、锌的质量分数。（用 Excel 编制计算程序，将数据输入计算机得出结果）

项目＼编号	Ⅰ	Ⅱ
合金样品质量 m/g		
反应前量气管液面读数 V_1/mL		
反应后量气管液面读数 V_2/mL		
大气压 p/kPa		
室温 T/K		
室温时水的饱和蒸汽压 $p(H_2O)$/Pa		
合金中铝的质量分数 ω		
合金中锌的质量分数$(1-\omega)$		

【思考题】

(1)为什么在读取量气管中水面的读数时，漏斗中的水面要与量气管中的水面相平？

(2)检查实验装置是否漏气的原理是什么？

(3)反应过程中，如果由量气管压入漏斗的水过多而溢出，对测定结果有无影响？

(4)反应后试管未冷却到室温读数，对测定结果有何影响？

(5)量器导气管内存在气泡对测定结果有影响吗？

实验 4 氯化钠的提纯

【实验目的】

(1)学会用化学方法提纯粗食盐。

(2)掌握称量、溶解、沉淀、过滤、蒸发、浓缩、抽滤等基本操作。

(3)通过实际操作,了解提纯无机化合物的基本方法。

(4)学习有关离子的定性鉴定方法。

【实验原理】

粗盐中含有泥沙、石子等难溶性杂质,以及 Ca^{2+}、Mg^{2+}、SO_4^{2-}、K^+、NO_3^- 等可溶性杂质。通过过滤的方法可以除去难溶性杂质,大部分可溶性杂质需选用合适的试剂,采用化学方法,使可溶性杂质转化为沉淀除去。加入 $BaCl_2$ 溶液可除去粗盐中的 SO_4^{2-}、CO_3^{2-} 等阴离子,加入 Na_2CO_3 溶液,可以除去 Ca^{2+}、Mg^{2+} 和多余的 Ba^{2+},溶液中的 CO_3^{2-} 用 HCl 溶液中和。K^+、NO_3^- 等可溶性杂质含量较少,因为 NaCl 的溶解度随温度变化不大,而 KNO_3 的溶解度随温度升高明显增大,所以经蒸发浓缩后的溶液,K^+、NO_3^- 仍留在母液中,可以趁热抽滤除去。离子反应方程式如下:

$$Ba^{2+} + SO_4{}^{2-} = BaSO_4\downarrow$$

$$Ca^{2+} + CO_3^{2-} = CaCO_3\downarrow$$

$$2Mg^{2+} + 2CO_3^{2-} + H_2O = Mg_2(OH)_2CO_3\downarrow + CO_2\uparrow$$

$$Ba^{2+} + CO_3^{2-} = BaCO_3\downarrow$$

$$CO_3^{2-} + 2H^+ = CO_2\uparrow + H_2O$$

【试剂与仪器】

粗盐,$BaCl_2$(1 mol · L^{-1}),Na_2CO_3(饱和),HCl(6 mol · L^{-1}),NaOH(6 mol · L^{-1}),$(NH_4)_2C_2O_4$(饱和),镁试剂。

电子天平(0.01 g/分度),电加热板,烧杯(100 mL),量筒(25 mL),玻璃棒,塑料洗瓶,玻璃漏斗,漏斗架,布氏漏斗,吸滤瓶,循环水泵,滴管,蒸发皿,pH 试纸(1～14),药匙,定性滤纸。

【实验步骤】

1. 称量

在电子天平上称取 5.0 g 左右粗食盐,置于 100 mL 烧杯中。

2. 溶解

用量筒量取 20 mL 蒸馏水加到盛粗食盐的烧杯中,加热、搅拌使粗盐溶解。

3. SO_4^{2-} 等阴离子的去除

用滴管向上述溶液中逐滴加入 1 mol · L^{-1} $BaCl_2$ 溶液 20～30 滴,充分搅拌,加热溶液至沸。待生成的沉淀沉降后,沿杯壁向上层清液中加入 2～3 滴 $BaCl_2$ 溶液,观察是否浑浊。若出现浑浊,说明 SO_4^{2-} 尚未除尽,应在原溶液中继续滴加 $BaCl_2$ 溶液 10～20 滴,直至 SO_4^{2-} 沉淀完全为止。然后再将溶液加热至沸(为什么?),冷却至室温。用普通漏斗过滤,保留滤液,弃去沉淀。

4. Ca^{2+}、Mg^{2+}、Ba^{2+} 离子的去除

在滤液中滴加饱和 Na_2CO_3 溶液 20～30 滴，充分搅拌，加热至沸，待生成的沉淀沉降后，沿烧杯内壁向上层清液中加 2～3 滴饱和 Na_2CO_3 溶液，检查沉淀是否完全。待检验 Ca^{2+}、Mg^{2+}、Ba^{2+} 沉淀完全后，再将溶液加热至沸，冷却至室温。用普通漏斗过滤，保留滤液，弃去沉淀。

5. 调节滤液的 pH

在上述滤液中边搅拌，边滴加 6 $mol \cdot L^{-1}$ HCl 溶液，以除去多余的 CO_3^{2-} 离子。随时用玻璃棒蘸取滤液在 pH 试纸上，检验溶液的酸度，直到溶液 pH＝2～3 为止。

6. 蒸发浓缩

将中和后的溶液于电热板上蒸发浓缩，当溶液呈稀糊状时(不可将溶液蒸干)，趁热倒入布氏漏斗中减压抽滤。尽量抽干，可以得到大量的白色晶体。

7. 产品的检验

将提纯后的 0.5～1.0 g NaCl 溶于 15 mL 蒸馏水，大致分为 3 份，盛入试管中。

(1)SO_4^{2-} 的检验，先向溶液中加入 1～2 滴 6 $mol \cdot L^{-1}$ HCl，再加入 2 滴 1 $mol \cdot L^{-1}$ $BaCl_2$ 溶液，观察溶液是否浑浊。如浑浊，表明 SO_4^{2-} 未除尽。

(2)Ca^{2+} 的检验，向溶液中加入 2 滴饱和$(NH_4)_2C_2O_4$ 溶液，若有浑浊生成，表明 Ca^{2+} 未除尽。

(3)Mg^{2+} 的检验，向溶液中加 1 滴 6 $mol \cdot L^{-1}$ NaOH 溶液，再加入 1～2 滴镁试剂，如有蓝色沉淀生成，表明 Mg^{2+} 未除尽。

【思考题】

(1)粗盐提纯要先加入什么试剂，提纯过程中加入试剂的顺序能不能调换？

(2)为什么沉淀可溶性杂质离子时，要将溶液加热至沸？

(3)若加入 $BaCl_2$ 将 SO_4^{2-} 沉淀后，随即再加入 Na_2CO_3，只进行一次沉淀，一次过滤，可以吗？

(4)为什么蒸发前要调节 pH＝2～3？

(5)提纯之后，检验产品中的 Ca^{2+} 是否存在时为什么不用 Na_2CO_3 溶液？

实验 5　转化法制备硝酸钾及其溶解度的测定

【实验目的】

(1)学习利用温度对物质溶解度的不同影响制备易溶盐的原理和方法。

(2)掌握重结晶提纯物质的原理和操作方法。

(3)体验用析晶法测定易溶盐溶解度的过程。

(4)巩固减压过滤、常压过滤、热过滤等基本操作。

【实验原理】

采用转化法由 $NaNO_3$ 和 KCl 制备硝酸钾，其反应如下：

$$NaNO_3 + KCl \rightleftharpoons NaCl + KNO_3$$

该反应是可逆的。当 KCl 和 $NaNO_3$ 溶液混合时，物质是以离子形式存在，同时存在由它们组成的 4 种盐 KNO_3、KCl、$NaNO_3$、NaCl，表 4-5-1 列出了这 4 种盐在不同温度下的溶解度(g/100 g 水)。根据表中的数据可知：NaCl 的溶解度随温度变化不大，KCl 和 $NaNO_3$ 在高温时具有较大的溶解度，KNO_3 在高温时有很大的溶解度，而且只有 KNO_3 随温度的降低，溶解度急剧下降。根据这种差别，将一定浓度的 $NaNO_3$ 和 KCl 混合加热浓缩蒸发，在较高温度下，NaCl 的溶解度增加得很少，随着浓缩不断进行，溶剂量不断减少，NaCl 先析出，而 KNO_3 溶解度增加很多，并不析出。这样可以通过热过滤滤除 NaCl，将此溶液迅速冷却，即有大量 KNO_3 析出，从而得到 KNO_3 粗产品。在第 1 次结晶的过程中会混有少量的 NaCl，再经过重结晶提纯，可得到 KNO_3 纯品。

表 4-5-1 4 种盐在不同温度下的溶解度 $g \cdot 100\ g^{-1}\ H_2O$

	0℃	10℃	20℃	30℃	40℃	60℃	80℃	100℃
KNO_3	13.3	20.9	31.6	45.8	63.9	110.0	169	246
KCl	27.6	31.0	34.0	37.0	40.0	45.5	51.1	56.7
$NaNO_3$	73	80	88	96	104	124	148	180
NaCl	35.7	35.8	36.0	36.3	36.6	37.3	38.4	39.8

测定易溶盐溶解度的方法有析晶法和溶质质量法。溶质质量法控制恒温比较困难，而且溶液转移时易损失致使测定不准，因此，本实验采用析晶法求得 KNO_3 的溶解度。在一定量的蒸馏水中，溶入一定量盐使之成为不饱和溶液。当溶液缓缓降温至开始析出晶体时，测定溶液的温度，即可计算出在该温度下溶液饱和时所需要盐的质量。

【试剂与仪器】

$NaNO_3$(AR)，KCl(AR)。

量筒(10 mL、50 mL)，烧杯(50 mL、100 mL)，电子天平(0.01 g/分度)，石棉网，调温电炉，热滤漏斗，布氏漏斗，吸滤瓶，循环水泵，硬质试管，滤纸。

【实验步骤】

1. KNO_3 的制备与提纯

(1)称取 22 g $NaNO_3$ 和 15 g KCl 放入 100 mL 小烧杯中，加入 35 mL 蒸馏水，微火加热并不断搅拌使其全部溶解，此时温度约 84℃。记录烧杯中液面的位置。

(2)继续加热、搅拌，使溶液蒸发浓缩，至烧杯中溶液的体积为原体积的 2/3，小烧杯中有较多晶体析出。

(3)趁热用热滤漏斗过滤。静置滤液。

(4)待滤液冷却至室温后，注意不要骤冷，滤液中有大量晶体时，进行减压过滤，得到较干燥的粗产品 KNO_3 晶体。

(5)按粗产品与水的质量比为 2∶1 混合，将其溶于所需蒸馏水中，加热、搅拌，至晶体全部溶解后停止加热，待溶液冷却至室温后抽滤，将固体在水浴上烘干，得到纯度较高的 KNO_3 晶体，称重。

2. KNO_3 溶解度的测定

(1)在1支大试管中加入3.5 g干燥的 KNO_3，并加入10.0 mL蒸馏水。

(2)在水浴中加热大试管，边加热边搅拌，至 KNO_3 完全溶解。注意：水浴温度不要太高，以刚好使 KNO_3 溶解为宜，否则会使下一步结晶析出操作耗时过长。

(3)自水浴中取出大试管，插入1支干净的温度计，用玻璃棒轻轻搅拌并摩擦试管壁，同时观察温度计的读数。当刚开始有晶体析出时，立即记下此时的温度 T_1；注意搅拌时不要紧贴试管底。

(4)把试管再放入水浴中加热，使晶体全部溶解，然后重复2次上述实验步骤的操作，分别测定开始析出晶体时的温度 T_2、T_3。

(5)依次向试管中再加入1.5 g、1.5 g、2.0 g KNO_3(使试管中依次共有 KNO_3 5.0 g、6.5 g、8.5 g)，每次加入 KNO_3 后都重复溶解、结晶实验步骤的操作，并将晶体开始析出时的温度记录下来。

(6)根据所得数据，以温度为横坐标，溶解度为纵坐标，绘制溶解度曲线图。与表4-5-1中的数据对照。

【实验说明】

(1)本实验热过滤是关键，因此要使实验成功，先准备好合适的滤纸，加热水浴预热漏斗；若蒸发溶液总体积已小于2/3，过滤的准备工作还未做好，则不能过滤，可在烧杯中加水至2/3以上，再蒸发浓缩至2/3后趁热过滤。

(2)要控制浓缩程度，蒸发浓缩时，溶液一旦沸腾，火焰要小，只要保持溶液沸腾就行。烧杯很烫时，可用干净的小手帕或未用过的小抹布折成整齐的长条拿烧杯，以便迅速转移溶液。趁热过滤的操作一定要迅速、尽可能全部转移溶液与晶体，使烧杯中的残余物减到最少。

(3)在提纯 KNO_3 最后一步减压抽滤得到 KNO_3 粗产品时，不能用水洗，因为 KNO_3 溶于水。

【思考题】

(1)制备硝酸钾时，为什么要把溶液进行加热和热过滤？

(2)什么是重结晶？本实验涉及哪些基本操作？

(3)抽滤后的产品如果进行洗涤，用什么洗涤液？

实验6　化学反应速率与活化能的测定

【实验目的】

1. 测定过二硫酸铵和碘化钾反应的反应速率及反应级数、反应速率常数和反应的活化能。
2. 理解浓度、温度及催化剂对化学反应速率的影响。
3. 练习在恒温水浴中进行恒温的操作。

【实验原理】

在水溶液中，过二硫酸铵和碘化钾发生如下反应：

$$S_2O_8^{2-} + 3I^- = 2SO_4^{2-} + I_3^- \tag{1}$$

根据速率方程，此反应的速率为：

$$v=kc^{m}(S_2O_8^{2-})\cdot c^{n}(I^-)$$

式中，v 是此反应条件下的瞬时反应速率，k 为速率常数，m、n 之和为总反应级数。$c(S_2O_8^{2-})$ 和 $c(I^-)$表示初始浓度。

实验室能测定的速率是在一段时间 Δt 内的平均速率 $\bar{v}$。如果在 Δt 时间内 $S_2O_8^{2-}$ 浓度的改变以 $\Delta c(S_2O_8^{2-})$表示，则平均速率 $\bar{v}=-\Delta c(S_2O_8^{2-})/\Delta t$。

由于$(NH_4)_2S_2O_8$ 浓度在反应过程中变化很小，生成的 I_2 可被 $S_2O_3^{2-}$ 还原为 I^-，即 I^- 在反应过程中浓度始终不变，可近似地用平均速率代替瞬时速率。

即 $$\bar{v}\approx v=-\triangle c(S_2O_8^{2-})/\triangle t=kc^{m}(S_2O_8^{2-})\cdot c^{n}(I^-)$$

为了测定在一定时间 Δt 内的 $S_2O_8^{2-}$ 浓度的改变量，在混合$(NH_4)_2S_2O_8$ 和 KI 的溶液中，同时加入一定量已知浓度的 $Na_2S_2O_3$ 溶液和淀粉溶液，在反应(1)进行的同时，还同时进行如下反应：

$$2S_2O_3^{2-}+I_3^-=S_4O_6^{2-}+3I^- \quad (2)$$

反应(2)进行得很快，瞬间可完成，反应(1)却慢很多。反应(1)生成的碘立即与 $Na_2S_2O_3$ 迅速作用生成无色的 $S_4O_6^{2-}$ 和 I^-。因此在开始的一段时间内，溶液是无色的，当 $Na_2S_2O_3$ 溶液耗尽，反应(1)生成的微量碘就立即与指示剂淀粉作用，使溶液呈现蓝色。

由反应方程式(1)和(2)的关系可知，$S_2O_8^{2-}$ 浓度减少的量等于 $S_2O_3^{2-}$ 浓度减少的量的 1/2：

$$\Delta c(S_2O_8^{2-})=\Delta c(S_2O_3^{2-})/2$$

$-\Delta c(S_2O_3^{2-})$等于反应开始时 $Na_2S_2O_3$ 的浓度，记录从反应开始到溶液出现蓝色所需的时间 Δt，就可以求算出反应速率 $-\Delta c(S_2O_8^{2-})/\Delta t$，进而求算出反应级数和反应速率常数 k，并可根据阿伦尼乌斯方程计算出活化能 E_a。

【试剂与仪器】

$(NH_4)_2S_2O_8$(0.20 mol·L^{-1})，KI(0.20 mol·L^{-1})，KNO_3(0.20 mol·L^{-1})，$Na_2S_2O_3$(0.010 mol·L^{-1})，$(NH_4)_2SO_4$(0.20 mol·L^{-1})，$Cu(NO_3)_2$(0.020 mol·L^{-1})，淀粉溶液(0.2%)。

秒表、温度计(0～100℃)、烧杯、量筒、试管、玻璃棒、恒温水浴锅。

【实验步骤】

1. 浓度对化学反应速率的影响

实验温度下，分别用贴有标签的量筒量取 20 mL 0.20 mol·L^{-1} KI、8 mL 0.010 mol·L^{-1} $Na_2S_2O_3$ 和 2 mL 0.2% 淀粉溶液，于 100 mL 烧杯中混合均匀。再用量筒量取 20 mL 0.20 mol·L^{-1} $(NH_4)_2S_2O_8$ 溶液，迅速加到盛有混合溶液的烧杯中，立即计时，并用玻璃棒适度搅拌至溶液刚出现蓝色，立即停止计时，记录反应时间于表 4-6-1 中。

用上述实验方法，参照表 4-6-1 中的试剂用量，重复实验编号 2-5。离子强度对反应速率的测定有一定的影响，为了使每次实验离子强度和总体积保持不变，减少的 KI 或 $(NH_4)_2S_2O_8$ 的用量分别用 0.20 mol·L^{-1} KNO_3 和 0.20 mol·L^{-1} $(NH_4)_2SO_4$ 来补充。通过计算每次实验中参加反应的试剂初始浓度，求算出反应速率 v、反应级数(m、n)和反应速率常数 k，填入表 4-6-1 中。

表 4-6-1 浓度对化学反应速率的影响 $t=$ __℃

实验编号		1	2	3	4	5
试剂用量 V/mL	0.20 $mol \cdot L^{-1}$ KI	20	20	20	10	5
	0.010 $mol \cdot L^{-1}$ $Na_2S_2O_3$	8	8	8	8	8
	0.2%淀粉溶液	2	2	2	2	2
	0.20 $mol \cdot L^{-1}$ KNO_3	0	0	0	10	15
	0.20 $mol \cdot L^{-1}$ $(NH_4)_2SO_4$	0	10	15	0	0
	0.20 $mol \cdot L^{-1}$ $(NH_4)_2S_2O_8$	20	10	5	20	20
试剂初始浓度 $c/(mol \cdot L^{-1})$	$(NH_4)_2S_2O_8$					
	KI					
	$Na_2S_2O_3$					
反应时间 Δt/s						
$S_2O_8^{2-}$ 的浓度变化 $\Delta c(S_2O_8^{2-})/(mol \cdot L^{-1})$						
反应速率 v						
反应速率常数 k						
反应级数		$m=$, $n=$, $m+n=$				

实验结论：

2. 温度对化学反应速率的影响

按表 4-6-1 中的第 4 组试剂用量，分别将 10 mL 0.20 $mol \cdot L^{-1}$ KI、8 mL 0.010 $mol \cdot L^{-1}$ $Na_2S_2O_3$、10 mL 0.20 $mol \cdot L^{-1}$ KNO_3 和 2 mL 淀粉溶液加到 100 mL 烧杯中，搅拌均匀。在另一烧杯中加入 20 mL 0.20 $mol \cdot L^{-1}$ $(NH_4)_2S_2O_8$ 溶液。将 2 个烧杯同时放入冰水混合浴中，待烧杯中溶液的温度冷却到水浴温度，将$(NH_4)_2S_2O_8$ 溶液迅速倒入另一烧杯中，搅拌，同时开始计时。当溶液刚出现蓝色时，停止计时。记录反应时间和温度，填入表 4-6-2。分别在高于室温 10℃和 20℃重复上述实验，计算反应速率常数 k 和反应活化能 E_a。

表 4-6-2 温度对化学反应速率的影响

实验编号	反应温度/℃	反应时间 $\Delta t/s$	反应速率常数 k	活化能 E_a
4#(室温)				
4#(冰浴)				
4#(高于室温 10℃)				
4#(高于室温 20℃)				

3. 催化剂对化学反应速率的影响

按表 4-6-1 中的第 4 组试剂用量，将 10 mL 0.20 mol · L^{-1}KI、8 mL 0.010 mol · L^{-1} $Na_2S_2O_3$、10 mL 0.20 mol · $L^{-1}$$KNO_3$ 和 2 mL 淀粉溶液加入烧杯中，再加入 1 滴 0.020 mol · L^{-1} $Cu(NO_3)_2$ 溶液，搅拌均匀，迅速加入$(NH_4)_2S_2O_8$ 溶液，搅拌，记录反应时间(表 4-6-3)。

表 4-6-3　催化剂对化学反应速率的影响　　t=__℃

编号	1	2	3
加入 $Cu(NO_3)_2$ 滴数	0	1	2
反应时间			
结论			

将 1 滴 0.020 mol · $L^{-1}$$Cu(NO_3)_2$ 溶液改为 2 滴，重复上述实验，计时。将上述 3 组实验的反应时间进行比较，得出定性结论。

【实验数据处理】

1. 反应级数的计算

根据反应时间 Δt，计算每组反应的平均速率

$$\bar{v}=-\Delta c(S_2O_8^{2-})/\Delta t=-\Delta c(S_2O_3^{2-})/(2\Delta t)=c(S_2O_3^{2-})/(2\Delta t)$$

将表 4-6-1 中实验编号为“1”和“2”的实验数据分别代入反应速率方程：

$$\bar{v}=k\cdot c^m(S_2O_8^{2-})\cdot c^n(I^-)$$

相除得：

$$\bar{v}_1/\bar{v}_2=[k\cdot c_1^m(S_2O_8^{2-})\cdot c_1^n(I^-)]/[k\cdot c_2^m(S_2O_8^{2-})\cdot c_2^n(I^-)]$$

因为 2 组实验中 KI 的用量一致，初始浓度相同，则：

$$c_1^n(I^-)=c_2^n(I^-)$$

$$\bar{v}_1/\bar{v}_2=c_1^m(S_2O_8^{2-})/c_2^m(S_2O_8^{2-})$$

因为实验中 $Na_2S_2O_3$ 的初始浓度相同，因此上式也可以换算为：

$$\Delta t_2/\Delta t_1=c_1^m(S_2O_8^{2-})/c_2^m(S_2O_8^{2-})$$

则可计算出 m_1。同理可用实验编号“1”和“3”的实验数据求得 m_2、“2”和“3”的实验数据求得 m_3，然后取平均值，得

$$m=(m_1+m_2+m_3)/3$$

同理，可用实验编号为“1”和“4”的实验数据求得 n_1，“1”和“5”的实验数据求得 n_2、“4”和“5”的实验数据求得 n_3，则

$$n=(n_1+n_2+n_3)/3$$

2. 反应速率常数计算

将求得的 m 和 n 代入速率方程

$$k=\bar{v}/[c^m(S_2O_8^{2-})\cdot c^n(I^-)]$$

可以计算出 5 组反应速率常数 k，并计算出平均值。

3. 活化能计算

将表 4-6-2 中任意 2 个温度下的实验数据代入下面的方程计算活化能：

$$\lg\frac{k_2}{k_1}=\frac{E_a}{2.303R}\left(\frac{T_2-T_1}{T_1\cdot T_2}\right)$$

【实验说明】

(1)碘化钾在空气中易被氧化，有吸湿性，久置可以析出游离碘而变成黄色，并能形成微量碘酸盐。光照加速分解。含有碘的碘化钾影响实验的准确性，如果碘化钾溶液不是无色透明的，则不能使用。

(2)过二硫酸铵易溶于水，水溶液呈酸性，在室温中易分解，受潮时逐渐分解放出含臭氧的氧气，加热则分解出氧气而成为焦硫酸铵。在较高温度时很快分解放出氧气，并生成硫酸氢铵，故本实验探讨温度的影响时，温度不宜过高。溶液需新鲜配制。

(3)用贴有标签的量筒分别取用试剂，不能混用。

【思考题】

(1)实验中加入$(NH_4)_2S_2O_8$ 溶液时，为什么要迅速倒入？

(2)为什么在实验"2""3""4""5"中加入 KNO_3 或$(NH_4)_2SO_4$ 溶液？

(3)为什么最后加入$(NH_4)_2S_2O_8$ 溶液？若先加入$(NH_4)_2S_2O_8$ 溶液，对实验结果会有何影响？

实验 7 $I_3^- \rightleftharpoons I^- + I_2$ 平衡常数的测定

【实验目的】

(1)学习利用氧化还原反应测定平衡常数的方法。

(2)加深对化学平衡和平衡移动原理的理解。

(3)练习滴定分析操作。

【实验原理】

碘溶于碘化钾溶液中形成 I_3^- 离子，在一定温度条件下达到下列平衡：

$$I_3^-(aq) \rightleftharpoons I^-(aq) + I_2(aq) \tag{1}$$

由于在同一溶液中，离子强度相同，则其平衡常数：

$$K^{\ominus}=\frac{\left\{\dfrac{c(I^-)}{c^{\ominus}}\right\}\left\{\dfrac{c(I_2)}{c^{\ominus}}\right\}}{\dfrac{c(I_3^-)}{c^{\ominus}}} \tag{2}$$

为了测定平衡态时的 $c(I^-)$、$c(I_2)$、$c(I_3^-)$，可用过量固体碘与已知浓度的碘化钾溶液一起振荡，达到平衡后，取上层清液，用硫代硫酸钠标准溶液进行滴定。

$$2Na_2S_2O_3+I_2 \rightleftharpoons 2NaI+Na_2S_4O_6$$

由于溶液中存在 $I_3^- \rightleftharpoons I^- + I_2$ 的平衡，所以用硫代硫酸钠溶液滴定，最终平衡时测到的是碘和 I_3^- 的总浓度。设总浓度为 c，则：

$$c=c(I_2)+c(I_3^-) \tag{3}$$

$c(I_2)$可通过在相同温度条件下，测定过量固体碘与水处于平衡时，溶液中碘的浓度来代替。设这个浓度为 c'，则：

$$c(I_2)=c'$$

$$c(I_3^-)=c-c(I_2)=c-c'$$

由(1)式可知，形成 1 个 I_3^- 就需要消耗 1 个 I^-，所以平衡时 $c(I^-)$

$$c(I^-)=c_0(I^-)-c(I_3^-)$$

式中 $c_0(I^-)$为碘化钾的起始浓度。

将 $c(I_2)$、$c(I_3^-)$和 $c(I^-)$代入(2)式即可求得在此温度条件下的平衡常数 K。

用 $Na_2S_2O_3$ 标准溶液滴定碘时，相应的碘的浓度计算方法如下：

$$c=\frac{c(Na_2S_2O_3)\cdot V(Na_2S_2O_3)}{2V(KI\text{-}I_2)}$$

$$c'=\frac{c(Na_2S_2O_3)\cdot V(Na_2S_2O_3)}{2V(I_2\text{-}H_2O)}$$

式中 $c(Na_2S_2O_3)$为已经准确标定过的 $Na_2S_2O_3$ 物质的量浓度。

$V(KI\text{-}I_2)$为 I_2 与 KI 处于平衡时，吸取上层清液的体积。

$V(I_2\text{-}H_2O)$为 I_2 与 H_2O 处于平衡时，吸取上层清液的体积。

【试剂与仪器】

碘(AR)，KI(0.010 0 mol·L^{-1}、0.020 0 mol·L^{-1})，淀粉溶液(0.5%)，$Na_2S_2O_3$ 标准液(0.005 0 mol·L^{-1})。

量筒(10 mL、100 mL)，移液管(50 mL)，吸量管(10 mL)，碱式滴定管(50 mL)，碘量瓶(100 mL、250 mL)，锥形瓶(250 mL)，电子天平(0.01 g/分度)。

【实验步骤】

(1)取 2 只干燥的 100 mL 碘量瓶和 1 只 250 mL 碘量瓶，分别标上 1、2、3 号。于 1 号瓶中加入 60 mL 0.010 0 mol·L^{-1}KI 溶液，于 2 号瓶中加入 60 mL 0.020 0 mol·L^{-1}KI 溶液，取 180 mL 蒸馏水注入 3 号瓶。然后在每个瓶内各加入 0.5 g 研细的碘，盖好瓶塞。

(2)将 3 只碘量瓶在室温下振荡 30 min，然后静置 10 min，待过量固体碘完全沉于瓶底后，取上层清液进行滴定。

(3)用 10 mL 吸量管吸取 1 号瓶上层清液 2 份，分别注入 250 mL 锥形瓶中，再各注入 40 mL 蒸馏水，用 0.005 0 mol·L^{-1}$Na_2S_2O_3$ 标准溶液滴定，滴至呈淡黄色时，加入 2 mL 0.5%淀粉溶液，此时溶液应呈蓝色，继续滴定，至蓝色刚好消失。记下所消耗的 $Na_2S_2O_3$ 溶

液的体积。

同样方法滴定 2 号瓶上层的清液。

(4)用 50 mL 移液管吸取 3 号瓶上层清液 2 份，用 0.005 0 mol・L^{-1} $Na_2S_2O_3$ 标准溶液滴定，方法同上。将实验结果填入表 4-7-1。

【实验数据处理与讨论】

表 4-7-1　数据及平衡常数计算　　室温 t=____℃

瓶　　号		1 号瓶	2 号瓶	3 号瓶第 1 次	3 号瓶第 2 次
取样体积 V/mL		10.00	10.00	50.00	50.00
$c(KI)/(mol\cdot L^{-1})$					
$V(KI)$/mL					
$m(I_2)$/g					
$V(H_2O)$/mL					
$Na_2S_2O_3$ 溶液的用量/mL	Ⅰ				
	Ⅱ				
	平均				
$Na_2S_2O_3$ 溶液的浓度/$(mol\cdot L^{-1})$					
$c(I_2)$与 $c(I_3^-)$的总浓度 $c/(mol\cdot L^{-1})$				/	/
水溶液中碘的平衡浓度 $c'/(mol\cdot L^{-1})$		/	/		
$c(I_2)/(mol\cdot L^{-1})$				/	/
$c(I_3^-)/(mol\cdot L^{-1})$					
$c_0(I^-)/(mol\cdot L^{-1})$					
$c(I^-)/(mol\cdot L^{-1})$					
K					
$\overline{K}$					

【实验说明】

(1)单质碘是紫黑色晶体，具有金属光泽，易升华为紫色蒸气，这种蒸气有刺激性气味，有毒。碘易溶于乙醚、乙醇、氯仿和其他有机溶剂，形成紫色溶液，微溶于水，100 g 水在常温下可溶解约 0.02 g 碘。碘易溶于氢碘酸和碘化钾溶液而呈深褐色。

(2)由于碘易挥发，取溶液和滴定操作均要迅速。

(3)研细 I_2 时要戴手套，研钵用表面皿遮住。

(4)碘量瓶振荡时注意保持瓶距，避免撞碎。

(5)平行滴定应单独进行，移取 1 份样品滴定 1 份。若同时移取，第 2 份试液 I_2 易挥发，使滴定数据明显偏低。

(6)碱式滴定管的使用。

碱式滴定管的下端连接1段乳胶管，管内有玻璃珠以控制溶液的流出。乳胶管下端再连1支尖嘴玻璃管，如图4-7-1。凡能与乳胶管起反应的氧化性溶液都不能盛在碱式滴定管中。使用碱式滴定管时，左手拇指在前，食指在后，夹住乳胶管中的玻璃珠所在的部位，向前推乳胶管，使其与玻璃珠之间形成1条缝隙，溶液即可流出。注意，不要用力捏玻璃珠，也不要使玻璃珠上下移动，也不能捏玻璃珠下的乳胶管，以防空气进入形成气泡而影响读数。为了防止乳胶管来回摆动，可用小指和无名指夹住尖嘴的上部。滴定操作通常在锥形瓶中进行，也可在烧杯内进行。用锥形瓶时，右手的拇指、食指和中指拿住瓶颈，其余2指辅助在下侧。当锥形瓶放在台上时，滴定管下端应插入瓶口内约1 cm。滴定时边滴边摇，右手微动腕关节，使锥形瓶顺时针或逆时针旋摇，溶液成为漩涡状。不能前后振荡，否则溶液会溅出，如图4-7-2。

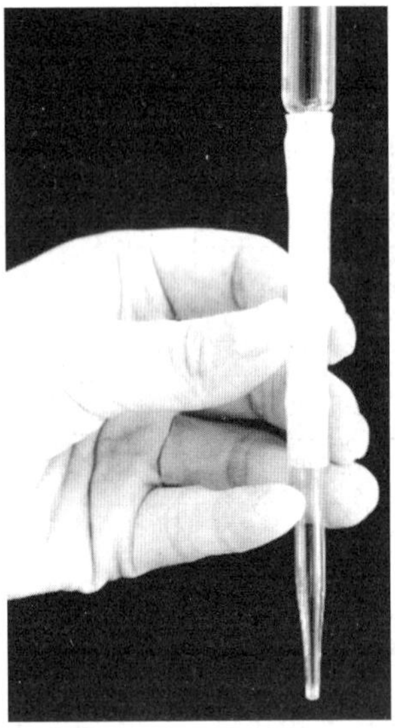

图4-7-1　碱式滴定管

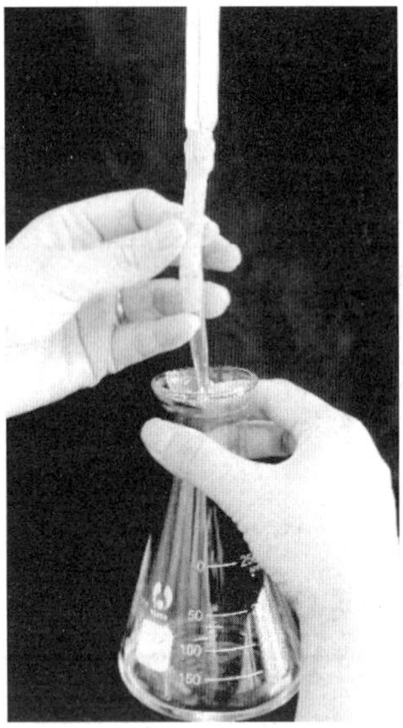

图4-7-2　碱式滴定管的操作

【思考题】

(1)本实验中，称量单质碘时，应选用何种天平？

(2)本实验中量取碘化钾溶液为什么用量筒，不用移液管？

(3)本实验所用的碘量瓶和锥形瓶哪些需要干燥？为什么？

(4)在实验过程中饱和碘水放置的时间过长，对实验有何影响？

(5)温度对平衡常数的测定是否有影响？如何消除？

(6)由于碘液易挥发，在取溶液和滴定时应注意什么？

实验8　醋酸离解度与离解平衡常数的测定和缓冲溶液的配制与性质

【实验目的】

(1)学会pH法测定弱酸的离解度与离解平衡常数。

(2)加深对缓冲溶液性质的认识，掌握缓冲溶液的配制方法。

(3)了解酸度计的工作原理,学习正确使用 pH 计。

【实验原理】

醋酸(CH_3COOH,简写为 HAc),在水溶液中存在着下列离解平衡:

	HAc(aq)=	H^+(aq) +	Ac^-(aq)
$c_{初始}/(mol\cdot L^{-1})$	c	0	0
$c_{平衡}/(mol\cdot L^{-1})$	$c-c\alpha$	$c\alpha$	$c\alpha$

$$K_a^\ominus=\frac{\left\{\frac{c^{eq}(H^+)}{c^\ominus}\right\}\cdot\left\{\frac{c^{eq}(Ac^-)}{c^\ominus}\right\}}{\frac{c^{eq}(HAc)}{c^\ominus}}=\frac{\left\{\frac{c^{eq}(H^+)}{c^\ominus}\right\}^2}{\frac{c}{c^\ominus}-\frac{c^{eq}(H^+)}{c^\ominus}}=\frac{\left\{\frac{c}{c^\ominus}\alpha\right\}^2}{\frac{c}{c^\ominus}(1-\alpha)}$$

其中 c 是 HAc 的起始浓度,α 为离解度,$K_a^\ominus$ 为 HAc 的离解平衡常数。

一般情况下,当$\frac{c/c^\ominus}{K_a^\ominus}\geqslant 500$时,弱酸的离解度 α 小于 5%,此时可采用近似计算,$c-c(H^+)\approx c$,则,

$$K_a^\ominus\approx\{c(H^+)/c^\ominus\}^2/\{c/c^\ominus\}$$

一定温度下,用酸度计测定一系列已知浓度的醋酸溶液的 pH,即可求得溶液中的 $c(H^+)$,相应地算出 $K_a^\ominus$ 和 α。

缓冲溶液的配制及性质

具有抵抗加入的少量酸、碱或适量的稀释作用而保持 pH 基本不变能力的溶液称为酸碱缓冲溶液。在 pH 为 3~12 范围内,最重要的缓冲溶液由以一对或多对共轭酸碱组成。

缓冲溶液的 pH 可由下式求出:

$$pH=pK_a^\ominus-\lg[(c_a/c^\ominus)/(c_b/c^\ominus)]$$

式中,$K_a^\ominus$ 为弱酸的离解平衡常数,c_a 和 c_b 分别为弱酸及其共轭碱在缓冲溶液中的平衡浓度。

缓冲溶液的 pH 主要由 $K_a^\ominus$ 决定。配制缓冲溶液时,pH 尽可能接近 $pK_a^\ominus$。如果配制缓冲溶液所用的酸溶液和其共轭碱溶液的浓度相同,则:

$$pH=pK_a^\ominus+\lg(V_b/V_a)$$

V_b/V_a 是配制缓冲溶液时所取碱和共轭酸溶液的体积比。

【试剂与仪器】

HAc($0.100\ 0\ mol\cdot L^{-1}$),NaAc($0.1\ mol\cdot L^{-1}$),$NH_3\cdot H_2O$($0.1\ mol\cdot L^{-1}$),$NH_4Cl$($0.1\ mol\cdot L^{-1}$),NaOH($0.1\ mol\cdot L^{-1}$),HCl($0.1\ mol\cdot L^{-1}$)。

酸式滴定管,碱式滴定管,量筒(25 mL、50 mL、100 mL),烧杯(50 mL、100 mL),pHS-3C 酸度计。

【实验步骤】

1. 醋酸离解常数及离解度的测定

用酸式滴定管量取 $0.1000\ mol\cdot L^{-1}$ 的 HAc 溶液 6.00 mL、12.00 mL、24.00 mL、

48.00 mL 分别置于 4 个干净干燥的小烧杯中，用碱式滴定管加蒸馏水稀释至 48.00 mL，混匀。计算出这 4 份 HAc 溶液的浓度。按由稀到浓的顺序用酸度计分别测定各 HAc 溶液的 pH，并记录温度。

将测得数据进行处理，分别计算各浓度醋酸的离解度及其离解常数，把数值填入表 4-8-1 中。

表 4-8-1　HAc 溶液的离解常数和离解度的测定　　t=____℃

编号	0.100 0 $mol \cdot L^{-1}$ HAc 体积/mL	稀释后体积 V/mL	初始 $c(HAc)$ /$(mol \cdot L^{-1})$	pH 实测值	平衡时 $c(H^+)$ /$(mol \cdot L^{-1})$	α	$K_a^{\ominus}$	
							测定值	平均值
1	6.00	48.00						
2	12.00	48.00						
3	24.00	48.00						
4	48.00	48.00						

实验结论：

2. 缓冲溶液的配制及性质

(1)缓冲溶液的配制　利用 0.1 $mol \cdot L^{-1}$ HAc、0.1 $mol \cdot L^{-1}$ NaAc、0.1 $mol \cdot L^{-1}$ $NH_3 \cdot H_2O$、0.1 $mol \cdot L^{-1}$ NH_4Cl 溶液，配制 pH＝4.00、pH＝9.00 的两种缓冲溶液各 80 mL。用酸度计测定各缓冲溶液的 pH，将数据记入表 4-8-2 中。比较实测值和理论值是否相符，缓冲溶液保留待用。

表 4-8-2　缓冲溶液的配制

缓冲溶液	pH(理论)	缓冲组分	各组分体积 V/mL	pH(实测)
1	4.00			
2	9.00			

(2)缓冲溶液的性质　向 3 个 100 mL 的烧杯中，分别加入配制好的 pH＝4.00 左右的缓冲溶液各 25 mL，再分别滴加 10 滴 0.1 $mol \cdot L^{-1}$ HCl 溶液、10 滴 0.1 $mol \cdot L^{-1}$ NaOH 溶液和 25 mL 蒸馏水。混匀后，用酸度计测定各溶液的 pH，将实验结果记录于表 4-8-3 中。

用 pH＝9.00 左右的缓冲溶液重复上述操作。

取 68 mL 0.1 $mol \cdot L^{-1}$ HAc 溶液和 12 mL 蒸馏水，混匀后用酸度计测定其 pH。取该溶液 25 mL 2 份，分别加入 10 滴 0.1 $mol \cdot L^{-1}$ HCl 溶液和 10 滴 0.1 $mol \cdot L^{-1}$ NaOH 溶液，混匀后，用酸度计测定各溶液的 pH，将实验结果记录于表 4-8-3 中。

取 12 mL 0.1 $mol \cdot L^{-1}$ NaAc 溶液和 68 mL 蒸馏水混匀后，重复上述操作。

表 4-8-3 缓冲溶液的性质

溶液	pH_1	加入试剂	pH_2	ΔpH
pH=4.00 的缓冲溶液		10 滴 HCl 溶液		
		10 滴 NaOH 溶液		
		25 mL 蒸馏水		
pH=9.00 的缓冲溶液		10 滴 HCl 溶液		
		10 滴 NaOH 溶液		
		25 mL 蒸馏水		
68 mL 0.1 $mol \cdot L^{-1}$ HAc 溶液和 12 mL 蒸馏水		10 滴 HCl 溶液		
		10 滴 NaOH 溶液		
12 mL 0.1 $mol \cdot L^{-1}$ NaAc 溶液和 68 mL 蒸馏水		10 滴 HCl 溶液		
		10 滴 NaOH 溶液		

实验结论：

【实验说明】

(1)关于实验中离解度和离解常数有效数字的取舍：由于 pH 是一个属于对数范畴的数值，其小数点前的数字仅用来定位，其小数点后的数字才是有效数字。所以，在 $c(H^+)$ 与 pH 间进行换算时，要注意有效数字修约规则的特殊性，不能随意增加或减少有效数字的位数。

如：用 pH 计测得某溶液的 pH 为 4.04，则有 2 位有效数字，换算成 $c(H^+)=9.1\times10^{-5}\ mol \cdot L^{-1}$。

(2)酸度计所测的 pH 反映的是溶液中 H^+ 的活度，在弱酸的稀溶液中，如果不存在其他强电解质，即溶液中的离子强度很小时，活度系数接近于 1，可用浓度代替活度。

【思考题】

(1)离解度和离解常数之间有何区别和联系？

(2)如果改变所测 HAc 溶液的浓度和温度，对醋酸离解度和离解常数的测定有何影响？

(3)配制不同浓度的 HAc 溶液时，烧杯是否需要干燥？为什么？

(4)缓冲溶液有何重要性质？为什么？

实验 9 $CaSO_4$ 溶度积的测定(离子交换法)

【实验目的】

(1)学习离子交换树脂的原理及应用。

(2)学习离子交换法测定 $CaSO_4$ 的溶解度以及溶度积的原理和方法。

(3)巩固练习 pH 计、容量瓶的使用。

【实验原理】

离子交换树脂是一类分子中带有活性基团(能与其他物质进行离子交换)的网状结构的不溶性高分子化合物。根据所带活性基团的酸碱性不同,离子交换树脂可分为酸性阳离子树脂和碱性阴离子树脂。最常用的是聚苯乙烯磺酸型树脂($R\text{-}SO_3H$),它是 1 种强酸性阳离子交换树脂,含有大量的强酸性基团——磺酸基$-SO_3H$,易在溶液中离解出 H^+,故呈强酸性。树脂离解后,本体所含的负电基团,如 $R\text{-}SO_3^-$,能吸附结合溶液中的其他阳离子。这 2 个反应使得树脂中的 H^+ 与溶液中的阳离子互相交换。

本实验采用强酸性阳离子交换树脂(用 $R\text{-}SO_3H$ 表示)(型号 732)交换 $CaSO_4$ 饱和溶液中的 Ca^{2+},发生如下交换反应:

$$2R\text{-}SO_3H + Ca^{2+} \rightleftharpoons (R\text{-}SO_3)_2Ca + 2H^+ \tag{1}$$

$CaSO_4$ 微溶于水,属于弱电解质,在其水溶液中除了 Ca^{2+} 和 SO_4^{2-} 外,还有以未离解形式存在的 $CaSO_4$,饱和溶液中存在以下平衡:

$$CaSO_4(aq) \rightleftharpoons Ca^{2+}(aq) + SO_4^{2-}(aq) \tag{2}$$

当 $CaSO_4$ 溶液流经交换树脂时,Ca^{2+} 被交换,反应(2)平衡向右移动,$CaSO_4(aq)$完全解离,全部 Ca^{2+} 被交换成 H^+,从流出液中的 $c(H^+)$可计算 $CaSO_4$ 的溶解度 s(以 $mol \cdot L^{-1}$ 计算):$c(H^+)$通过酸度计测定 pH 计算可得。

$$s = c(Ca^{2+}) + c(CaSO_4, aq) = \frac{c(H^+)}{2}$$

$CaSO_4$ 的沉淀溶解平衡如下:

$$CaSO_4(s) \rightleftharpoons CaSO_4(aq) \rightleftharpoons Ca^{2+}(aq) + SO_4^{2-}(aq) \tag{3}$$

$CaSO_4$ 解离常数 $K_d^\ominus = \dfrac{\left\{\dfrac{c(Ca^{2+})}{c^\ominus}\right\} \cdot \left\{\dfrac{c(SO_4^{2-})}{c^\ominus}\right\}}{\left\{\dfrac{c(CaSO_4, aq)}{c^\ominus}\right\}}$,已知 25℃时为 5.2×10^{-3}。设溶液中 $c(Ca^{2+}) = c(SO_4^{2-}) = c\ mol \cdot L^{-1}$,

由 $K_d^\ominus = \dfrac{\left\{\dfrac{c(Ca^{2+})}{c^\ominus}\right\} \cdot \left\{\dfrac{c(SO_4^{2-})}{c^\ominus}\right\}}{\left\{\dfrac{c(CaSO_4, aq)}{c^\ominus}\right\}} = \dfrac{c^2}{s-c} = 5.2\times10^{-3}$ 可得出 c,进而可计算出 $CaSO_4$ 溶度积常数 $K_{sp}^\ominus$。

【试剂与仪器】

HCl($2.0\ mol \cdot L^{-1}$),$CaSO_4$ 饱和溶液。

容量瓶(100 mL),离子交换柱,玻璃棉,移液管(25 mL),酸度计,烧杯,pH 试纸。

【实验步骤】

1. 树脂装柱

将离子交换柱洗净,在底部填以少量玻璃棉,然后把离子交换柱固定在滴定管架上,再用小烧杯装入少量的已经转型或者再生为氢型的阳离子交换树脂，加入少量蒸馏水。具体操作：通过玻璃棒连水带树脂转移至交换柱中，转移过程中若水太多，可打开螺旋夹，让水慢慢流出直至水面略高于树脂，夹紧螺旋夹。整个操作过程中，应使树脂完全浸泡在水中，否则就会有气泡进入树脂床，进而影响交换效果。若不慎有气泡进去，可加入少量蒸馏水，用塑料通条搅拌树脂，直至所有气泡逸出，再调节水面至略高于树脂。装好树脂后，测定流出液 pH 是否在 6～7。若不是，用蒸馏水淋洗树脂直至流出液呈中性为止。

2. 交换与洗涤

调节交换柱下方的螺旋夹，控制流出液的速度为 20～25 滴/min，用移液管移取 25 mL $CaSO_4$ 饱和溶液至离子交换柱中进行交换，同时用 100 mL 的容量瓶承接(开始约 10 mL 可以丢弃)。当液面下降至略高于树脂(1～2 cm)时，取 25 mL 蒸馏水冲洗交换柱内壁，并将交换下来的 H^+ 洗脱。当液面再次下降到略高于树脂时，再向离子交换柱中加入 25 mL 蒸馏水，此时，流出液的速度可加快至 40～50 滴/min，用 pH 试纸测定流出液的 pH=6～7。旋紧螺旋夹，移走容量瓶。加蒸馏水高于树脂面 6 cm 以上，以免气泡混入。

3. 氢离子浓度的测定

将容量瓶中流出液定容，摇匀。将一部分溶液倒入干燥洁净的烧杯中，用 pH 计测定溶液的 pH，计算出稀释至 100 mL 溶液中的 $c(H^+)$，再换算成 25 mL 溶液中的 $c(H^+)$。

【数据处理】

根据 25 mL 溶液中 $c(H^+)$ 计算出 $CaSO_4$ 的溶解度 s，进一步可得 $CaSO_4$ 溶度积。

$CaSO_4$ 饱和溶液的温度/℃	
通过离子交换柱的 $CaSO_4$ 饱和溶液的体积/mL	
流出液的 pH(定容至 100 mL 后)	
流出液的 $c(H^+)/(mol \cdot L^{-1})$	
$CaSO_4$ 的摩尔溶解度 $s/(mol \cdot L^{-1})$	
$CaSO_4$ 溶度积常数 $K_{sp}^{\ominus}$	

【实验说明】

(1)$CaSO_4$ 饱和溶液的制备：将 1 g 分析纯 $CaSO_4$ 固体置于约 70 mL 经煮沸后、又冷却至室温的蒸馏水中，搅拌 10 min 后静置 5 min，用定量滤纸“干过滤”(滤纸、玻璃棒、漏斗和抽滤瓶均应干燥)，滤液即为 $CaSO_4$ 饱和溶液。

(2)每次往交换柱中加液体(包括水)前，交换柱中液面应略高于树脂(2～3 cm)，这样既不会带进气泡，又尽量减少溶液与水的混合，提高交换和洗涤的效果。

(3)在整个交换和淋洗过程中注意勿使流出液损失。

【思考题】

(1)为什么刚开始的流出液可以不接在容量瓶中？

(2)交换过程中为什么控制液体流出速度不宜太快？若太快会有什么影响？

(3)实验中影响最终测定结果的因素有哪些?

(4)以下情况对实验结果有何影响?

①转型时,树脂未完全转换为 H^+ 型;

②转移 $CaSO_4$ 饱和溶液时有损失,未完全转移;

③转型时,流出的淋洗液未接近中性就停止淋洗并进行交换。

实验10 沉淀溶解平衡

【实验目的】

(1)加深对溶度积原理的理解,了解影响沉淀溶解平衡的因素。

(2)观察沉淀生成、分步沉淀、沉淀转化和沉淀溶解的实验现象。

(3)掌握滴瓶的操作和离心机的使用。

【实验原理】

1.溶度积

一定温度下,难溶性强电解质 A_mB_n 饱和水溶液中存在如下沉淀—溶解平衡:

$$A_mB_n(s) \rightleftharpoons mA^{n+}(aq) + nB^{m-}(aq)$$

$$K_{sp}^{\ominus}(A_mB_n) = \{c(A^{n+})/c^{\ominus}\}^m \cdot \{c(B^{m-})/c^{\ominus}\}^n$$

$K_{sp}^{\ominus}$ 称为难溶电解质的溶度积常数,简称溶度积,其大小取决于难溶性电解质的本质及体系温度。对于同类型难溶性强电解质,可以直接用 $K_{sp}^{\ominus}$ 比较它们的溶解度大小,溶度积越大,其溶解度越大;对于不同类型的难溶性强电解质,不能只根据 $K_{sp}^{\ominus}$ 进行判断。

2.溶度积原理

对于难溶电解质来说,比较离子积 Q 与溶度积常数 $K_{sp}^{\ominus}$ 的大小可以判断沉淀溶解反应进行的方向。

令 $Q = \{c(A^{n+})/c^{\ominus}\}^m \cdot \{c(B^{m-})/c^{\ominus}\}^n$,则

当 $Q > K_{sp}^{\ominus}$ 时,溶液中有 A_mB_n 沉淀生成;

当 $Q < K_{sp}^{\ominus}$ 时,溶液中有 A_mB_n 固体溶解,或不生成沉淀;

当 $Q = K_{sp}^{\ominus}$ 时,体系处于沉淀溶解平衡态。

3.分步沉淀

向混合离子溶液中慢慢滴加沉淀剂,离子分先后被沉淀出来的现象,称为分步沉淀。当溶液中同时存在几种离子时,离子积 Q 先达到其溶度积 $K_{sp}^{\ominus}$ 的难溶电解质先被沉淀出来。通过控制沉淀剂的用量,可对混合离子进行分离。通过沉淀方法使溶液中某离子的浓度小于 $1.0\times10^{-5}\,mol\cdot L^{-1}$ 时,可认为该离子已定性沉淀完全。混合溶液中,一种离子已沉淀完全而另一种离子还未开始沉淀,则认为这两种离子可以通过沉淀的方法达到完全分离。

4.沉淀的转化

一种沉淀转化为另一种沉淀的过程称为沉淀的转化。沉淀的转化的总趋势为:溶解度小的转化成溶解度大的很难,一般都是转化为溶解度更小的沉淀,可通过调节试剂浓度来实现转化。

5. 沉淀的溶解

根据溶度积原路理，对于一般难溶电解质 A_mB_n，只有当$\{c(A^{n+})/c^{\ominus}\}^m \cdot \{c(B^{m-})/c^{\ominus}\}^n < K_{sp}^{\ominus}$ 时，沉淀才会溶解。所以，欲使沉淀溶解可采取措施降低相关离子的浓度，使其 $Q < K_{sp}^{\ominus}$。常用的溶解方法有酸溶解法、配位溶解法、氧化还原溶解法及几种方法的综合。

【试剂及仪器】

$Pb(NO_3)_2$(0.1 mol·L^{-1}、0.001 mol·L^{-1})，KI (0.1 mol·L^{-1}、0.001 mol·L^{-1})，NaCl(0.1 mol·L^{-1})，K_2CrO_4(0.1 mol·L^{-1})，$AgNO_3$(0.1 mol·L^{-1})，Na_2S(0.1 mol·L^{-1})，$CaCl_2$(0.1 mol·L^{-1})，饱和$(NH_4)_2C_2O_4$，HCl(6 mol·L^{-1})，HAc(6 mol·L^{-1})，$MgCl_2$(0.5 mol·L^{-1})，NaOH(0.1 mol·L^{-1})，$NH_3 \cdot H_2O$(6 mol·L^{-1})，$CuSO_4$(0.2 mol·L^{-1})，HNO_3(6 mol·L^{-1})，H_2SO_4(3 mol·L^{-1})，Cu^{2+}液，Mn^{2+}液，$NaBiO_3$(s)，$K_4[Fe(CN)_6]$(0.1 mol·L^{-1})，NH_4Cl (3 mol·L^{-1})。

烧杯，试管，离心管，试管架，离心机，点滴板。

【实验步骤】

1. 沉淀的生成

在试管中加入5滴 0.1 mol·L^{-1} $Pb(NO_3)_2$ 溶液，再滴加 0.1 mol·L^{-1} KI 溶液，振荡，观察现象并解释。

在试管中加入5滴 0.001 mol·L^{-1} $Pb(NO_3)_2$ 溶液，再滴加 0.001 mol·L^{-1} KI 溶液，振荡，观察现象并解释。

2. 分步沉淀

在试管中加入5滴 0.1 mol·L^{-1} NaCl 和5滴 0.1 mol·L^{-1} K_2CrO_4 溶液，振荡混匀，然后滴加 0.1 mol·L^{-1} $AgNO_3$ 溶液，边滴边振荡，观察生成沉淀的变化并解释。

3. 沉淀的转化

在离心试管中加入5滴 0.1 mol·L^{-1} $AgNO_3$，然后滴加 0.1 mol·L^{-1} NaCl 溶液，观察沉淀的生成。离心分离，弃去上层清液，用蒸馏水洗涤沉淀3次。再向沉淀上滴加数滴 0.1 mol·L^{-1} Na_2S 溶液。观察沉淀的变化并解释。

4. 沉淀的溶解

(1) 酸度对沉淀溶解平衡的影响　在离心管中加入10滴 0.1 mol·L^{-1} $CaCl_2$ 溶液和6滴饱和$(NH_4)_2C_2O_4$ 溶液，观察 CaC_2O_4 沉淀的生成。用玻璃棒搅拌溶液成悬浊液，倾倒一半到另一离心管中，将2支离心管中悬浊液离心分离，弃去上层清液，再分别在沉淀上滴加 6 mol·L^{-1} HCl 和 6 mol·L^{-1} HAc，观察实验现象并解释。

在离心管中加入3滴 0.5 mol·L^{-1} $MgCl_2$ 溶液，再滴加 0.1 mol·L^{-1} NaOH 溶液，振荡，观察现象。将沉淀离心分离，弃去上清液，再向沉淀上滴加 3 mol·L^{-1} NH_4Cl 溶液，观察实验现象并解释。

(2)配位反应对沉淀溶解平衡的影响　在试管中加入3滴 0.1 mol·L^{-1} $AgNO_3$ 溶液，再滴加 0.1 mol·L^{-1} NaCl 溶液，振荡，观察沉淀的生成。再向沉淀中滴加 6 mol·L^{-1} $NH_3 \cdot H_2O$，观察现象并解释。

取2支离心管，分别加入5滴 0.1 mol·L^{-1} Na_2S 溶液和5滴饱和$(NH_4)_2C_2O_4$ 溶液，再分别滴加 0.2 mol·L^{-1} $CuSO_4$ 溶液，观察沉淀的生成。分别进行离心分离，弃去上层清液，在沉淀上各滴加数滴 6 mol·$L^{-1}$$NH_3$·$H_2O$，观察沉淀的溶解情况并解释。根据实验现象判断 CuS 沉淀和 CuC_2O_4 沉淀的溶度积的相对大小。

(3)氧化还原反应对沉淀溶解平衡的影响　在离心管中加入 3 滴 0.2 mol·L^{-1} $CuSO_4$ 溶液，然后滴加 0.1 mol·L^{-1} Na_2S 溶液，观察沉淀的生成。离心分离，弃去上层清液，在沉淀上滴加 10 滴 6 mol·L^{-1} HNO_3，加热，观察现象并解释。

5.利用硫化物的生成分离 Cu^{2+} 和 Mn^{2+}

在离心管中加入 3 滴 Cu^{2+} 试液，然后滴加 5 滴 0.1 mol·L^{-1} Na_2S 溶液，离心分离，弃去上层清液，观察生成的 CuS 沉淀。再向沉淀上滴加 3 mol·$L^{-1}$$H_2SO_4$，观察沉淀能否溶解。

在离心管中加入 3 滴 Mn^{2+} 试液，然后滴加 5 滴 0.1 mol·L^{-1} Na_2S 溶液，离心分离，弃去上层清液，观察生成的 MnS 沉淀。再向沉淀上滴加 3 mol·L^{-1} H_2SO_4，观察沉淀能否溶解。

在离心管中加入 5 滴 Cu^{2+} 试液、5 滴 Mn^{2+} 试液和 1 mL 3 mol·$L^{-1}$$H_2SO_4$，振荡混匀，然后滴加 10 滴 0.1 mol·$L^{-1}$ Na_2S 溶液，观察实验现象。将离心管水浴加热，离心，再向上层清液中加入 1 滴 0.1 mol·L^{-1} Na_2S 溶液，观察是否有新沉淀生成。如果没有，则说明已沉淀完全。否则，需继续滴加 Na_2S 溶液，待沉淀完全后，离心分离，将上层清液转移至另一离心管中，沉淀和上层清液分别做如下处理：

(1)沉淀　用蒸馏水洗涤沉淀 3 次后，滴加 10 滴 6 mol·L^{-1} HNO_3，水浴加热，观察沉淀的溶解及溶液颜色变化。取 2 滴溶液于点滴板，滴加 1 滴 0.1 mol·$L^{-1}$$K_4[Fe(CN)_6]$溶液，观察实验现象，判断沉淀中是否含有 CuS。向剩余溶液中加入 3 滴 3 mol·$L^{-1}$$H_2SO_4$，再加入少许固体 $NaBiO_3$，观察溶液颜色变化，判断沉淀中是否含有 MnS。

(2)上层清液　将溶液分成 2 份，向其中的一份加入 3 滴 0.1 mol·$L^{-1}$$K_4[Fe(CN)_6]$溶液，观察实验现象，判断溶液中是否含有 Cu^{2+}。水浴加热另一份溶液，先除去 H_2S，冷却溶液后，向溶液中加入 3 滴 3 mol·$L^{-1}$$H_2SO_4$，再加少许固体 $NaBiO_3$，观察溶液颜色的变化，判断溶液中是否含有 Mn^{2+}。

根据以上实验现象，判断 Cu^{2+} 和 Mn^{2+} 是否分离。并简述分离原理。

【实验说明】

(1)注意试管实验中滴加和加入溶液操作的区别。

(2)Cu^{2+} 和 Mn^{2+} 的定性检验反应

在酸性介质中，Cu^{2+} 与 $K_4[Fe(CN)_6]$溶液作用生成红棕色沉淀。

$$2Cu^{2+} + [Fe(CN)_6]^{4-} = Cu_2[Fe(CN)_6]\downarrow$$

在酸性介质中，Mn^{2+} 可被 $NaBiO_3$ 氧化为 MnO_4^-，使溶液呈紫红色。

$$2Mn^{2+} + 5NaBiO_3 + 14H^+ = 2MnO_4^- + 5Na^+ + 5Bi^{3+} + 7H_2O$$

(3)实验中密切观察实验现象：颜色变化、气味变化、状态变化、吸热或放热等。

【思考题】

(1)$K_{sp}^{\ominus}$ 是什么？2 种难溶电解质比较，$K_{sp}^{\ominus}$ 大的溶解度一定大吗？

(2)影响沉淀溶解平衡的因素有哪些？

(3)沉淀完全的含义是什么？沉淀完全是否表示溶液中该离子的浓度为零？

(4)分步沉淀的顺序与哪些因素相关？

实验11　配合物的生成与配位平衡

【实验目的】

(1)了解配合物的组成。

(2)了解配合物与简单化合物的区别。

(3)了解配位平衡及其影响因素。

(4)比较配合物的稳定性,了解螯合物的形成条件。

【实验原理】

一般配合物由两部分组成,一部分是复杂的配离子,另一部分是与配离子保持电荷平衡的简单离子,即分为内界和外界两部分。配合物的内界由中心原子和配位体组成,其余离子处于外界。例如在$[Cu(NH_3)_4]SO_4$中Cu^{2+}与NH_3组成内界,SO_4^{2-}处于外界。

配离子在水溶液中同时存在着配位过程和离解过程,即配位平衡:

$$M^{n+}+mL^{-} \rightleftharpoons [ML_m]^{(n-m)+} \tag{1}$$

$$K_f^{\ominus}=\frac{c[ML_m]^{(n-m)+}/c^{\ominus}}{\{c(M^{n+})/c^{\ominus}\}\cdot\{c(L^{-})/c^{\ominus}\}^m}$$

$K_f^{\ominus}$为配合物的稳定常数,$K_f^{\ominus}$越大,说明配位反应进行得越彻底。$K_f^{\ominus}$的大小反映了配合物稳定性的高低,对于同种类型的配离子,$K_f^{\ominus}$越大,表示配离子在水溶液中越稳定。

根据配位平衡方程式(1)可知,向溶液中加入能与金属离子M^{n+}或配体L^{-}反应的试剂,如酸、碱、沉淀剂、氧化剂、还原剂及其他配位剂等,会改变金属离子M^{n+}或配体L^{-}的浓度,从而使配位平衡发生移动。

【试剂及仪器】

$NiSO_4$(0.2 mol·L^{-1}),NaOH(6 mol·L^{-1}、0.1 mol·L^{-1}),$BaCl_2$(0.1 mol·L^{-1}),$NH_3·H_2O$(2 mol·L^{-1}、6 mol·L^{-1}),浓$NH_3·H_2O$,HNO_3(6 mol·L^{-1}),$FeCl_3$(0.1 mol·L^{-1}),KSCN(0.1 mol·L^{-1}),$CuSO_4$(0.2 mol·L^{-1}),$AgNO_3$(0.1 mol·L^{-1}),NaCl(0.1 mol·L^{-1}),KNO_3(0.1 mol·L^{-1}),$Na_3[Co(NO_2)_6]$(20%),丁二酮肟(1%),$SnCl_2$(0.5 mol·L^{-1}),$FeSO_4$(0.1 mol·L^{-1}),$K_3[Fe(CN)_6]$(0.1 mol·L^{-1}),$K_4[Fe(CN)_6]$(0.1 mol·L^{-1}),KBr(0.1 mol·L^{-1}),$Na_2S_2O_3$(0.1 mol·L^{-1}),KI(0.1 mol·L^{-1}),NH_4F(10%),Na_2S(0.1 mol·L^{-1}),饱和$(NH_4)_2C_2O_4$,CCl_4,EDTA(0.1 mol·L^{-1}),95%酒精,$CoCl_2$(0.1 mol·L^{-1})。

试管,离心管,试管架,离心机,点滴板,烧杯(100 mL)。

【实验步骤】

1.配合物的生成

(1)简单离子与配离子的区别　取2支离心管,各加入5滴0.2 mol·L^{-1} $NiSO_4$溶液,然后分别加入5滴0.1 mol·L^{-1} NaOH溶液和0.1 mol·L^{-1} $BaCl_2$溶液,观察实验现象。离心分离，观察沉淀的颜色。

另取1支试管，加入15滴0.2 mol·L^{-1} $NiSO_4$ 溶液，然后逐滴滴加6 mol·L^{-1} 氨水，边滴加边振荡（密切观察实验现象），待生成的沉淀完全溶解后，多加入5滴浓氨水，观察溶液的颜色。将所得溶液分为2份，分别加入5滴0.1 mol·L^{-1}NaOH溶液和0.1 mol·$L^{-1}$$BaCl_2$溶液，观察实验现象与上一实验有何区别并解释。

取2支离心管，1支加入5滴0.1 mol·$L^{-1}$$FeCl_3$ 溶液，另1支加入5滴 $K_3[Fe(CN)_6]$，再向2支离心管中各加5滴0.1 mol·L^{-1}KI溶液和10滴 CCl_4，振荡后观察 CCl_4 层的颜色，比较2支离心管中的实验现象并解释。

（2）有色配离子的生成

①在点滴板上滴加3滴0.1 mol·L^{-1} $FeCl_3$，然后滴加1滴0.1 mol·L^{-1} KSCN溶液，观察实验现象。

②在试管中加入5滴0.2 mol·L^{-1} $CuSO_4$，再滴加1滴2 mol·$L^{-1}$$NH_3·H_2O$，观察沉淀的生成。继续滴加6 mol·$L^{-1}$$NH_3·H_2O$ 直至生成的沉淀消失，观察溶液的颜色。最后加入20滴95%酒精溶液，静置，观察晶体的析出。解释实验现象。

（3）无色配离子的生成　在试管中加入1滴0.1 mol·$L^{-1}$$AgNO_3$ 溶液，再加入1滴0.1 mol·L^{-1}NaCl溶液，观察沉淀的生成，再逐滴滴加6 mol·$L^{-1}$$NH_3·H_2O$，观察沉淀的溶解，所得溶液待用。

（4）有色难溶配合物的生成

①在离心管中加入3滴0.1 mol·$L^{-1}$$KNO_3$ 溶液，再加入2滴20% $Na_3[Co(NO_2)_6]$溶液，用玻璃棒轻轻摩擦离心管内壁，离心分离，观察现象并解释。

②在点滴板上滴加1滴0.1 mol·$L^{-1}$$FeSO_4$ 溶液，再滴加1滴0.1 mol·$L^{-1}$$K_3[Fe(CN)_6]$溶液，观察现象并解释。

③在点滴板上滴加1滴0.1 mol·$L^{-1}$$FeCl_3$ 溶液，再滴加1滴0.1 mol·$L^{-1}$$K_4[Fe(CN)_6]$溶液，观察现象并解释。

2.配位平衡与介质的酸碱性

（1）制备$[Fe(SCN)_6]^{3-}$溶液，再逐滴加入6 mol·L^{-1}NaOH溶液，观察颜色变化并解释。

（2）取实验1(3)所得的$[Ag(NH_3)_2]Cl$ 溶液，滴加数滴6 mol·$L^{-1}$$HNO_3$，观察现象并解释。

3.配位平衡与沉淀溶解平衡的关系

（1）按实验步骤1(2)②制备数滴$[Cu(NH_3)_4]^{2+}$溶液，再滴加0.1 mol·$L^{-1}$$Na_2S$ 溶液，观察现象并解释。

（2）在试管中加入5滴0.1 mol·$L^{-1}$$AgNO_3$ 溶液，然后依次进行下列实验：滴加0.1 mol·L^{-1}NaCl溶液，至生成沉淀。再滴加6 mol·L^{-1} 氨水至沉淀刚好溶解；再滴加0.1 mol·L^{-1}KBr溶液，至生成沉淀，然后滴加0.1 mol·$L^{-1}$$Na_2S_2O_3$ 溶液至沉淀刚好溶解；再滴加0.1 mol·L^{-1}KI溶液，至生成沉淀。注意每步试剂的加入量只需加到沉淀刚生成或刚溶解即可。若溶液量太大，可弃去部分继续实验。结合上述实验现象，分析配位平衡与沉淀平衡的相互关系，比较$K_{sp}^{\ominus}(AgCl)$、$K_{sp}^{\ominus}(AgBr)$、$K_{sp}^{\ominus}(AgI)$的大小及$[Ag(NH_3)_2]^+$和$[Ag(S_2O_3)_2]^{3-}$稳定性的大小。

4. 配位平衡与氧化还原反应

(1)制备$[Fe(SCN)_6]^{3-}$溶液，再滴加 0.5 mol·L^{-1} $SnCl_2$ 溶液，观察颜色变化并解释。

(2)取 2 支离心管，各加 3 滴 0.1 mol·L^{-1} $FeCl_3$ 溶液，然后向 1 支离心管中加 5 滴饱和$(NH_4)_2C_2O_4$ 溶液，另 1 支离心管中加 5 滴蒸馏水。再向 2 支离心管中各加 2 滴 0.1 mol·L^{-1} KI 溶液和 10 滴 CCl_4，振荡后观察 CCl_4 层的颜色，比较现象并解释。

5. 配合物之间的转化

在试管中加入 2 滴 0.1 mol·L^{-1} $FeCl_3$ 溶液和 1 滴 0.1 mol·L^{-1} KSCN 溶液，然后滴加 10%NH_4F 溶液至溶液刚刚退色，再滴加饱和$(NH_4)_2C_2O_4$ 溶液至溶液发生明显变化，说明配离子间转化的条件并比较$[Fe(SCN)_6]^{3-}$、$[FeF_6]^{3-}$、$[Fe(C_2O_4)_3]^{3-}$的稳定性。

6. 配位平衡与稀释作用

向试管中加入 5 滴 0.1 mol·L^{-1} $CoCl_2$ 溶液，振荡下滴加浓盐酸至变蓝，振荡下加水稀释至变红，再滴加浓盐酸，溶液变蓝，再加水稀释，溶液变红。观察现象并解释。

$$[Co(H_2O)_6]^{2+} + 4Cl^- = [CoCl_4]^{2-} + 6H_2O$$

7. 螯合物的生成

(1)在 1 支试管中加入 2 mL 自来水，再滴加饱和$(NH_4)_2C_2O_4$ 溶液，观察现象。在另一支试管中加入 2 mL 自来水和 3 滴 0.1 mol·L^{-1} EDTA 溶液，再滴加饱和$(NH_4)_2C_2O_4$ 溶液，比较实验现象并解释。

(2)在试管中加入 2 滴 0.2 mol·L^{-1} $NiSO_4$、2 滴 2 mol·L^{-1} 氨水和 2 滴丁二酮肟溶液，观察现象，此反应可作为 Ni^{2+} 的鉴定反应。

【实验说明】

在性质实验中，一般来说，生成沉淀的部分，沉淀量要少，观察到沉淀生成即可；使沉淀溶解的部分，加入的试液越少越好，即沉淀恰好溶解即可。所以，溶液务必逐滴滴加，且边滴加边振荡。若试管中溶液量太多，可在生成沉淀后，离心(使用离心管)沉降，弃去上层清液，再继续实验。

【思考题】

(1)衣服上沾有铁锈可通过什么方法除去？

(2)试总结影响配位平衡的主要因素。

(3)什么是螯合物？其结构特征与什么有关？

实验 12 氧化还原反应与氧化还原平衡

【实验目的】

(1)掌握电极电势对氧化还原反应的影响。

(2)观察浓度、酸度、温度、催化剂对氧化还原反应的方向、产物、速率的影响。

(3)学会安装原电池装置。

【实验原理】

反应物中某些元素的氧化数发生变化的化学反应称为氧化还原反应。在氧化还原反应中，得电子的物质为氧化剂，其氧化值降低，自身被还原；失去电子的物质为还原剂，其元素的氧化数升高，自身被氧化。水溶液中物质的氧化还原能力的大小，可根据相应电对电极电势(φ)的大小来判断。标准状态下$\varphi^{\ominus}$值越大，电对中氧化型物质的氧化能力越强，$\varphi^{\ominus}$值越小，电对中还原型物质的还原能力越强。

$$\text{氧化型(1)} + \text{还原型(2)} = \text{还原型(1)} + \text{氧化型(2)}$$

根据电极电势$\varphi^{\ominus}$的大小，可以判断标准状态下氧化还原反应的方向。当$\varphi^{\ominus}$(氧化型1/还原型1)$>\varphi^{\ominus}$(氧化型2/还原型2)时，反应能正向自发进行。当$\varphi^{\ominus}$(氧化型1/还原型1)$<\varphi^{\ominus}$(氧化型2/还原型2)时，反应逆向自发进行。

非标准状态下，任意电极：

$$a\mathrm{Ox} + n\,\mathrm{e}^- = a'\,\mathrm{Red}$$

电极电势可用能斯特(Nernst)方程求出：

$$\varphi = \varphi^{\ominus} + \frac{2.303RT}{nF}\lg\frac{[c(\mathrm{Ox})/c^{\ominus}]^{a}}{[c(\mathrm{Red})/c^{\ominus}]^{a'}}$$

由上可以看出浓度对电极电势的影响。电极中的氧化型或还原型物质形成难溶性电解质、弱酸、弱碱或配合物等，都能使电极电势发生改变。

影响氧化还原反应自发性及速率的因素主要有：电极电势、介质的酸碱性、反应物浓度、温度、催化剂等。

【试剂及仪器】

KI($0.1\ \mathrm{mol\cdot L^{-1}}$)，KBr($0.1\ \mathrm{mol\cdot L^{-1}}$)，$KMnO_4$($0.01\ \mathrm{mol\cdot L^{-1}}$)，$FeCl_3$($0.1\ \mathrm{mol\cdot L^{-1}}$)，$FeSO_4$($0.1\ \mathrm{mol\cdot L^{-1}}$)，3% H_2O_2，H_2SO_4($3\ \mathrm{mol\cdot L^{-1}}$)，NaOH($6\ \mathrm{mol\cdot L^{-1}}$)，$Na_2SO_3$($0.5\ \mathrm{mol\cdot L^{-1}}$)，$CuSO_4$($0.1\ \mathrm{mol\cdot L^{-1}}$、$0.2\ \mathrm{mol\cdot L^{-1}}$)，$ZnSO_4$($0.1\ \mathrm{mol\cdot L^{-1}}$)，10% NH_4F，$MnSO_4$($0.1\ \mathrm{mol\cdot L^{-1}}$)，$KIO_3$($0.1\ \mathrm{mol\cdot L^{-1}}$)，$AgNO_3$($0.1\ \mathrm{mol\cdot L^{-1}}$)，$Na_2S_2O_3$($0.5\ \mathrm{mol\cdot L^{-1}}$)，$H_2C_2O_4$($0.1\ \mathrm{mol\cdot L^{-1}}$)，$(NH_4)_2S_2O_8$(s)，$CCl_4$，溴水，碘水。

试管，离心管，烧杯，离心机 Cu-Zn 原电池装量。

【实验步骤】

1. 电极电势与氧化还原反应方向的关系

(1)在试管中加入10滴$0.1\ \mathrm{mol\cdot L^{-1}}$ KI溶液和2滴$0.1\ \mathrm{mol\cdot L^{-1}}$ $FeCl_3$溶液，摇匀，再加入10滴CCl_4，充分振荡，观察CCl_4层的颜色变化。

用$0.1\ \mathrm{mol\cdot L^{-1}}$ KBr溶液代替KI溶液，进行同样操作，观察CCl_4层颜色变化。

根据实验结果，定性比较Br_2/Br^-、I_2/I^-、Fe^{3+}/Fe^{2+} 3个电对的电极电势。指出其中最强的氧化剂和最强的还原剂。

(2)在试管中加入5滴碘水和2滴$0.1\ \mathrm{mol\cdot L^{-1}}$ $FeSO_4$溶液，摇匀，再加入10滴CCl_4，充分振荡，观察CCl_4层的颜色变化。

在试管中加入1滴溴水和10滴$0.1\ \mathrm{mol\cdot L^{-1}}$ $FeSO_4$溶液，摇匀，再加入10滴CCl_4，充分振荡，观察CCl_4层的颜色变化。

(3)在试管中加入2滴$0.1\ \mathrm{mol\cdot L^{-1}}$ KI溶液和2滴$3\ \mathrm{mol\cdot L^{-1}}$ H_2SO_4，再加入3滴3%

H_2O_2 溶液，振荡，观察现象，写出反应式。

在试管中加入 2 滴 0.01 mol·L^{-1} $KMnO_4$、2 滴 3 mol·L^{-1} H_2SO_4，再加入 5 滴 3% H_2O_2 溶液，振荡，观察现象，写出反应式。

解释 H_2O_2 在以上 2 个反应中所起的作用。

2. 介质的酸碱性对氧化还原反应的影响

(1)介质的酸碱性对氧化还原产物的影响　在 3 支试管中分别加入 2 滴 0.01 mol·L^{-1} $KMnO_4$ 溶液，再向第 1 支试管中加 2 滴 3.0 mol·L^{-1} H_2SO_4 溶液，向第 2 支试管中加 2 滴蒸馏水，向第 3 支试管中加 2 滴 6 mol·L^{-1} NaOH 溶液，然后再向 3 支试管中分别加入 5 滴 0.5 mol·L^{-1} Na_2SO_3 溶液，振荡摇匀，观察现象，写出反应式。

(2)酸度对氧化还原反应方向的影响　在试管中加入 10 滴 0.1 mol·L^{-1} KI 溶液和 10 滴 0.1 mol·L^{-1} KIO_3 溶液，加入 2 滴淀粉溶液，摇匀，观察溶液颜色变化。然后再加 2 滴 3 mol·L^{-1} H_2SO_4，振荡，观察实验现象。

3. 浓度、温度对氧化还原反应的影响

(1)在 1 个烧杯中分别加入 25 mL 0.1 mol·L^{-1} $ZnSO_4$ 溶液，在其中插入锌片，在另一个烧杯中加入 25 mL 0.1 mol·L^{-1} $CuSO_4$ 溶液，在其中插入铜片，各组成两个半电池，用盐桥连接，组成 1 个原电池。用导线将锌片和铜片分别与伏特计(或酸度计)两极相接，测量原电池的电动势 ε，如图 4-12-1 所示。

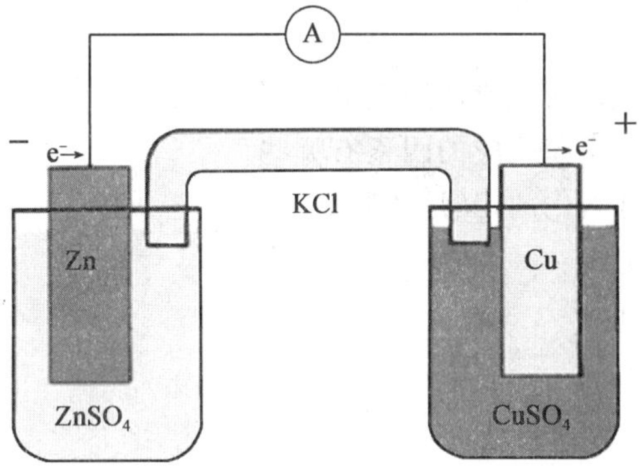

图 4-12-1　Cu-Zn 原电池装置示意图

在盛放 $CuSO_4$ 溶液的烧杯中滴加浓氨水，并不断搅拌，至生成的沉淀溶解为止，形成深蓝色溶液，比较测量的电池电动势前后有何变化。

将盛放 $CuSO_4$ 溶液的烧杯恢复初始状态，再在 $ZnSO_4$ 溶液中滴加入浓氨水，同样不断搅拌，至生成的沉淀溶解为止，比较测量的电池电动势前后有何变化。

通过实验现象，利用能斯特方程，解释浓度对电极电势的影响。

(2)取 2 支试管分别加入 10 滴 0.1 mol·L^{-1} $FeCl_3$ 溶液，再向第 1 支试管中加入 10% NH_4F 溶液至溶液黄色消失，然后再向这 2 支试管中分别加入 10 滴 0.1 mol·L^{-1} KI 溶液，少量 CCl_4，振荡，静置，观察 CCl_4 层的颜色变化，并解释之。

(3)在试管中加入 10 滴 0.2 mol·L^{-1} $CuSO_4$ 溶液，再滴加 10 滴 0.1 mol·L^{-1} KI 溶液，观察实验现象。再逐滴加入 0.5 mol·L^{-1} $Na_2S_2O_3$ 溶液，边滴边振荡，使溶液的黄色刚好退

去。离心分离，观察 CuI 沉淀的颜色。根据 $\varphi^{\ominus}(I_2/I^-)$，$\varphi^{\ominus}(Cu^{2+}/Cu^+)$和 $K_{sp}^{\ominus}(CuI)$，解释上述反应的发生。

(4)取 4 支试管编号 a、b、c、d，在 a、b 2 支试管中均加入 1 mL 0.01 $mol \cdot L^{-1} KMnO_4$ 和 3 滴 3 $mol \cdot L^{-1} H_2SO_4$ 溶液，在 c、d 2 支试管中分别加入 1 mL 0.1 $mol \cdot L^{-1} H_2C_2O_4$ 溶液。然后将 a、c 试管在水浴中加热片刻，取出后，同时将 a 中溶液倒入 c 中，将 b 中溶液倒入 d 中，观察 c、d 2 支试管中溶液退色的快慢，解释原因。

4. 催化剂对氧化还原反应的影响

在试管中加入少量$(NH_4)_2S_2O_8$ 固体，再加入 10 滴 3 $mol \cdot L^{-1} H_2SO_4$ 和 2 滴 0.1 $mol \cdot L^{-1}$ $AgNO_3$ 溶液（催化剂），然后将试管置于水浴中微热，向热溶液中加入 1 滴 0.1 $mol \cdot L^{-1}$ $MnSO_4$ 溶液，继续加热，观察现象。

另取 1 支试管，不加 $AgNO_3$ 溶液，进行同样操作，观察实验现象。

对比 2 个实验现象，并加以解释。

【实验说明】

(1)本实验中用到的 $FeSO_4$ 溶液和 Na_2SO_3 溶液易被空气氧化，应现配现用。

(2)在催化剂对氧化还原反应的影响实验中，$AgNO_3$ 和$(NH_4)_2S_2O_8$ 加入量不可过多，温度也不能过高。

(3)在原电池实验中，实验之前要将铜片和锌片冲洗干净再开始实验。

【思考题】

(1)如何利用电极电势判断氧化还原反应进行的方向？

(2)举例说明影响氧化还原反应的因素有哪些。

(3)为什么 H_2O_2 既是氧化剂，又是还原剂？在反应中生成何种产物？

第 5 章　元素化学实验

实验 13　常见非金属元素实验

【实验目的】

(1)学习和掌握常见阴离子的鉴定与分离方法。

(2)了解常见非金属化合物的主要性质。

【实验原理】

硼酸是 Lewis 酸，能与多羟基醇发生加合反应，使溶液的酸性增强。硼砂的水溶液因水解而呈碱性。硼砂溶液与酸反应可析出硼酸。

鉴定 CO_3^{2-} 可以将碳酸盐溶液与盐酸混合，生成的 CO_2 通入饱和 $Ba(OH)_2$ 溶液中，能使 $Ba(OH)_2$ 溶液变浑浊。

大多数硅酸盐难溶于水，过渡金属的硅酸盐可以呈现不同的颜色。

鉴定 NH_4^+ 的常用方法有 2 种，一是 NH_4^+ 与 OH^- 反应，生成的 $NH_3(g)$ 使红色的石蕊试纸变蓝；二是 NH_4^+ 与奈斯勒(Nessler)试剂($K_2[HgI_4]$的碱性溶液)反应，生成红棕色沉淀。

硝酸具有强氧化性，浓硝酸与金属反应主要生成 NO_2，稀硝酸与金属反应通常生成 NO，活泼金属能将稀硝酸还原为 NH_4^+。NO_3^- 与 $FeSO_4$ 溶液在浓 H_2SO_4 介质中反应生成棕色 $[Fe(NO)]^{2+}$：

$$3Fe^{2+}+NO_3^-+4H^+=3Fe^{3+}+NO\uparrow+2H_2O$$

$$Fe^{2+}+NO=[Fe(NO)]^{2+}$$

在试液与浓 H_2SO_4 液层界面处生成$[Fe(NO)]^{2+}$呈棕色环状。此方法用于鉴定 NO_3^-，称为“棕色环”法。

PO_4^{3-} 与 $(NH_4)_2MoO_4$ 溶液在硝酸介质中反应，生成黄色的磷钼酸铵沉淀。此反应可用于鉴定 PO_4^{3-}。

H_2O_2 具有还原性，可被强的氧化剂氧化为氧气。酸性溶液中，H_2O_2 与 $Cr_2O_7^{2-}$ 反应生成蓝色的 CrO_5，这一反应用于鉴定 H_2O_2。

在含有 S^{2-} 的溶液中加入稀盐酸，生成的 H_2S 气体能使湿润的 $Pb(Ac)_2$ 试纸变黑。在碱性溶液中，S^{2-} 与 $[Fe(CN)_5NO]^{2-}$ 反应生成紫色配合物：

$$S^{2-}+[Fe(CN)_5NO]^{2-}=[Fe(CN)_5NOS]^{4-}$$

这 2 种方法都可以作为鉴定 S^{2-} 的方法。

SO_3^{2-} 与 $[Fe(CN)_5NO]^{2-}$ 反应生成红色配合物，加入饱和 $ZnSO_4$ 溶液和 $K_4[Fe(CN)_6]$ 溶液，会使红色明显加深。这种方法用于鉴定 SO_3^{2-}。

$Na_2S_2O_3$ 常用作还原剂，还能与某些金属离子形成配合物。$S_2O_3^{2-}$ 与 Ag^+ 反应能生成白色的 $Ag_2S_2O_3$ 沉淀，迅速分解为 Ag_2S 和 H_2SO_4，此过程颜色由白色变为黄色、棕色，最后变成黑色，可用于鉴定 $S_2O_3^{2-}$。

$$2Ag^+ + S_2O_3^{2-} = Ag_2S_2O_3(s)$$

$$Ag_2S_2O_3(s) + H_2O = Ag_2S(s) + H_2SO_4$$

氯、溴、碘氧化性的强弱次序为：$Cl_2 > Br_2 > I_2$。卤化氢还原性强弱的次序为：$HI > HBr > HCl$。HBr 和 HI 能分别将浓 H_2SO_4 还原为 SO_2 和 H_2S。Br^- 能被 Cl_2 氧化为 Br_2，在 CCl_4 中呈棕黄色。I^- 能被 Cl_2 氧化为 I_2，在 CCl_4 中呈紫色；当 Cl_2 过量时，I^- 被氧化为无色的 IO_3^-。

Cl^-、Br^- 和 I^- 与 Ag^+ 反应分别生成 AgCl、AgBr 和 AgI 沉淀，它们的溶度积依次减小，均不溶于稀 HNO_3。AgCl 能溶于稀氨水或 $(NH_4)_2CO_3$ 溶液，生成 $[Ag(NH_3)_2]^+$，再加入稀 HNO_3 时，AgCl 会重新沉淀出来，由此可鉴定 Cl^- 的存在。AgBr 和 AgI 不溶于稀氨水或 $(NH_4)_2CO_3$ 溶液，它们在 HAc 介质中能被锌还原为 Ag，可使 Br^- 和 I^- 转入溶液中，再用氯水将其氧化，可以鉴定 Br^- 和 I^- 的存在。

【试剂及仪器】

H_2SO_4(3 mol·L^{-1}、6 mol·L^{-1}、浓)，HCl 溶液(2 mol·L^{-1}、6 mol·L^{-1}、浓)，HNO_3(2 mol·L^{-1}、浓)，Na_2CO_3(0.1 mol·L^{-1})，$Ba(OH)_2$(饱和)，NH_4Cl(0.1 mol·L^{-1})，NaOH(2 mol·L^{-1})，KNO_3(0.1 mol·L^{-1})，Na_3PO_4(0.1 mol·L^{-1})，$MnSO_4$(0.1 mol·L^{-1})，NaCl (0.1 mol·L^{-1})，$NH_3·H_2O$(2 mol·L^{-1})，KI(0.1 mol·L^{-1})，KBr(0.1 mol·L^{-1})，$K_2Cr_2O_7$(0.1 mol·L^{-1})，Na_2S (0.1 mol·L^{-1})，H_2O_2(3%)，$K_4[Fe(CN)_6]$ (0.1 mol·L^{-1})，$ZnSO_4$(饱和)，$Na_2[Fe(CN)_5NO]$(1%)，$Na_2S_2O_3$(0.1 mol·L^{-1})，Na_2SO_3(0.1 mol·L^{-1})，$(NH_4)_2CO_3$(12%)，$AgNO_3$(0.1 mol·L^{-1})，HAc(6 mol·L^{-1})，$Na_2B_4O_7·10H_2O$(s)，H_3BO_3(s)，$NaSiO_3$(s)，$Co(NO_3)_2·6H_2O$(s)，$CaCl_2$(s)，$CuSO_4·5H_2O$(s)，$ZnSO_4·7H_2O$(s)，$Fe_2(SO_4)_3$(s)，$NiSO_4·7H_2O$(s)，$FeSO_4·7H_2O$(s)，$(NH_4)_2S_2O_8$(s)，硼酸饱和液，锌粉，铜片，甘油，甲基橙指示剂，钼酸铵试剂，硫粉，CCl_4，戊醇，碘水(饱和)，淀粉试液，氯水(饱和)，pH 试纸，红色石蕊试纸，淀粉-KI 试纸，$Pb(Ac)_2$ 试纸，蓝色石蕊试纸。

试管，离心管，烧杯，玻璃棒，点滴板，水浴锅，离心机。

【实验步骤】

1. 硼酸和硼砂的性质

(1)在试管中加入 1 mL 硼酸饱和溶液，用 pH 试纸测定溶液的 pH。然后在溶液中加入 1 滴甲基橙指示剂，并将溶液分成两份，向其中一份液体中加入 10 滴甘油，摇匀，比较两份溶液的颜色，说明硼酸具有的性质。

(2)在试管中加入 1 mL 硼砂饱和溶液，用 pH 试纸测定溶液的 pH。然后加入 1 mL 6 mol·L^{-1} H_2SO_4 溶液，将试管放在冷水中冷却，并用玻璃棒不断搅拌，观察实验现象。用

pH 试纸测定溶液的 pH。

2. CO_3^{2-} 的鉴定

将1段细玻璃管穿入小橡胶塞，橡胶塞正好可以塞住试管的管口。在试管中加入 1 mL 0.1 mol·L^{-1} Na_2CO_3 溶液，再加入10滴 2 mol·L^{-1} HCl 溶液，将蘸有 $Ba(OH)_2$ 饱和溶液的玻璃管插入试管，观察现象。

3. 硅酸盐的性质（“水中花园”实验）

在 100 mL 烧杯中配制 50 mL 20%的 Na_2SiO_3 溶液，然后分散加入 $CaCl_2$、$CuSO_4 \cdot 5H_2O$、$ZnSO_4 \cdot 7H_2O$、$Fe_2(SO_4)_3$、$Co(NO_3)_2 \cdot 6H_2O$、$NiSO_4 \cdot 7H_2O$ 晶体各一小粒，静置一段时间后观察“石笋”的生成与颜色。

4. NH_4^+ 的鉴定

试管中加入 1 mL 0.1 mol·L^{-1} NH_4Cl 溶液和5滴 2 mol·L^{-1} NaOH 溶液，微热，用湿润的红色石蕊试纸在试管口检验逸出的气体。

在小试管中加入5滴 NH_4Cl 溶液和2滴 6 mol·L^{-1}NaOH 溶液后，立即加入1滴奈氏试剂，观察现象。

5. 硝酸的氧化性

(1)在试管内放入少量铜屑，加入几滴浓 HNO_3，观察实验现象（在通风橱中进行）。然后迅速加水稀释，倒掉溶液，回收铜片。写出反应方程式。

(2)在试管中放入少量锌粉，加入 1 mL 2 mol·L^{-1} HNO_3 溶液，观察现象（如不反应可微热）。取清液检验是否有 NH_4^+ 生成。

6. NO_3^- 的鉴定

试管中加入少量 $FeSO_4 \cdot 7H_2O$ 晶体和水，摇荡试管使其溶解，然后加入20滴 0.1 mol·L^{-1} KNO_3 溶液，混匀。倾斜试管，沿管壁小心滴加 1 mL 浓 H_2SO_4，静置片刻，观察2种液体界面处的棕色环。写出有关反应方程式。

7. PO_4^{3-} 的鉴定

取5滴 0.1 mol·L^{-1}Na_3PO_4 溶液，加10滴 6 mol·L^{-1}HNO_3，再加20滴钼酸铵试剂，在水浴上微热，观察现象。

8. H_2O_2 的性质

(1)取10滴 0.1 mol·L^{-1} $Pb(NO_3)_2$，加入5滴 0.1 mol·L^{-1} Na_2S，制备少量 PbS 沉淀，离心分离，弃去上清液，洗净沉淀后，加入数滴3%的 H_2O_2 溶液，观察现象。

(2)试管中分别加入10滴3%的 H_2O_2 溶液和戊醇5滴，加入10滴 3 mol·L^{-1} H_2SO_4 溶液和4滴 0.1 mol·L^{-1}$K_2Cr_2O_7$，摇荡试管，观察现象。

9. S^{2-} 的鉴定

(1)在点滴板上加1滴 0.1 mol·L^{-1}Na_2S 溶液，再加入1滴1%的 $Na_2[Fe(CN)_5NO]$溶液，观察现象。

(2)在试管中加5滴 0.1 mol·L^{-1}Na_2S 和 2 mol·L^{-1} HCl 溶液，用湿润的 $Pb(Ac)_2$ 试纸检查逸出的气体。

10. SO_3^{2-} 的鉴定

在点滴板上加饱和 $ZnSO_4$ 溶液和 0.1 mol·L^{-1}$K_4[Fe(CN)_6]$溶液各1滴，再加1滴1%

的 $Na_2[Fe(CN)_5NO]$溶液，最后加 1 滴 0.1 mol·L^{-1} Na_2SO_3 的溶液，用玻璃棒搅拌，观察现象。

11. 硫代硫酸盐的性质

(1)试管中加入 10 滴 0.1 mol·L^{-1} $Na_2S_2O_3$ 溶液和 5 滴 2 mol·L^{-1} HCl 溶液，振荡片刻，观察现象，并用湿润的蓝色石蕊试纸检验逸出的气体。

(2)取 5 滴碘水，加 1 滴淀粉试液，滴加 0.1 mol·L^{-1} $Na_2S_2O_3$ 溶液，观察现象。

(3)试管中加 10 滴 0.1 mol·L^{-1} $Na_2S_2O_3$ 溶液，再逐滴滴加 0.1 mol·L^{-1} $AgNO_3$ 溶液，观察颜色的变化，写出有关的反应方程式。

12. 过硫酸盐的氧化性

在试管中加 2 滴 0.1 mol·L^{-1} $MnSO_4$ 溶液、5 滴 3 mol·L^{-1} H_2SO_4 溶液和 1 滴 0.1 mol·L^{-1} $AgNO_3$ 溶液，再加入少量$(NH_4)_2S_2O_8$ 固体，在水浴中加热片刻，观察溶液颜色变化。

13. Cl^-、Br^-和 I^-的鉴定

(1)在试管中加入 2 滴 0.1 mol·L^{-1} NaCl 溶液、1 滴 2 mol·L^{-1} HNO_3 溶液和 2 滴 0.1 mol·L^{-1} $AgNO_3$ 溶液，观察现象。在沉淀中加入数滴 2 mol·L^{-1} 氨水溶液，振荡使沉淀溶解，再加数滴 2 mol·L^{-1} HNO_3 溶液，观察有何变化。

(2)在试管中加入 2 滴 0.1 mol·L^{-1} KBr 溶液、1 滴 3 mol·L^{-1} H_2SO_4 和 10 滴 CCl_4，再逐滴加入氯水，边加边振荡，观察 CCl_4 层颜色的变化。

(3)用 0.1 mol·L^{-1} KI 溶液代替 KBr 重复实验(2)，观察 CCl_4 层颜色的变化。

【思考题】

(1)为什么硼砂的水溶液具有缓冲作用？怎样计算其 pH？

(2)硝酸与金属反应的主要还原产物与哪些因素有关？

(3)检验稀硝酸与锌粉反应产物中的 NH_4^+ 时，加入 NaOH 过程中会发生哪些反应？

(4)鉴定 $S_2O_3^{2-}$ 时，$AgNO_3$ 溶液应过量，否则会出现什么现象？为什么？

(5)鉴定 Cl^-时，为什么要先加稀 HNO_3？而鉴定 Br^-和 I^-时为什么先加稀 H_2SO_4 而不加稀 HNO_3？

实验 14 常见过渡金属元素实验

【实验目的】

(1)学习和掌握常见过渡金属离子的鉴定与分离方法。

(2)了解常见过渡金属化合物的主要性质。

【实验原理】

Cr、Mn 和铁系元素 Fe、Co、Ni 是元素周期表中第四周期第ⅥB—Ⅷ族元素，它们都能形成多种氧化数的化合物。铬的重要氧化数为＋3 和＋6；锰的重要氧化数为＋2、＋4、＋6 和＋7；铁、钴、镍的重要氧化数都是＋2 和＋3。

$Cr(OH)_3$(蓝绿色)是两性氢氧化物。在碱性溶液中，$[Cr(OH)_4]^-$可被 H_2O_2 氧化为 CrO_4^{2-}，在酸性溶液中 CrO_4^{2-} 转变为 $Cr_2O_7^{2-}$。$Cr_2O_7^{2-}$ 与 H_2O_2 反应能生成深蓝色的 CrO_5，

由此可以鉴定 Cr^{3+}。酸性溶液中，Cr^{3+} 显示较弱还原性，只能用强氧化剂才能将它氧化为 $Cr_2O_7^{2-}$。$Cr_2O_7^{2-}$ 具有强氧化性，酸性溶液中可以被还原为 Cr^{3+}。

$Mn(OH)_2$（白色）是中强碱，具有还原性，易被空气中的 O_2 氧化，生成 MnO_2。在酸性条件下，Mn^{2+} 很稳定，能与强氧化剂（如铋酸钠、过二硫酸铵等）反应生成紫红色 MnO_4^- 离子。MnO_4^- 具有强氧化性，在酸性、中性和强碱性溶液中，分别被还原为 Mn^{2+}，MnO_2 沉淀和 MnO_4^{2-}。强碱性溶液中，MnO_4^- 与 MnO_2 反应也能生成 MnO_4^{2-}（深绿色）。在酸性甚至近中性溶液中，MnO_4^{2-} 歧化为 MnO_4^- 和 MnO_2。在酸性溶液中，MnO_2 也是强氧化剂。

$Fe(OH)_2$（白色）很容易被空气中的 O_2 氧化，$Co(OH)_2$（粉色）也能被空气中的 O_2 慢慢氧化。由于 Co^{3+} 和 Ni^{3+} 都具有强氧化性，$Co(OH)_3$（褐色）、$Ni(OH)_3$（黑色）与浓盐酸反应分别生成 Co^{2+} 和 Ni^{2+}，并放出氯气。$Co(OH)_3$ 和 $Ni(OH)_3$ 通常分别由 Co^{2+} 和 Ni^{2+} 的盐在碱性条件下用强氧化剂氧化得到，如：

$$2Ni^{2+} + 6OH^- + Br_2 = 2Ni(OH)_3\downarrow + 2Br^-$$

MnS、FeS、CoS 和 NiS 都能溶于盐酸，MnS 还能溶于 HAc 溶液。这些硫化物需要在弱碱性溶液中制得。

Co^{2+} 和 Ni^{2+} 能与过量的氨水反应分别能生成 $[Co(NH_3)_6]^{2+}$ 和 $[Ni(NH_3)_6]^{2+}$。$[Co(NH_3)_6]^{2+}$ 容易被空气中的 O_2 氧化为 $[Co(NH_3)_6]^{3+}$。Fe^{2+} 与 $[Fe(CN)_6]^{3-}$ 反应，或 Fe^{3+} 与 $[Fe(CN)_6]^{4-}$ 反应，都生成蓝色沉淀，分别用于鉴定 Fe^{2+} 和 Fe^{3+}。酸性溶液中 Fe^{3+} 与 SCN^- 反应也用于鉴定 Fe^{3+}。Co^{2+} 也能与 SCN^- 反应，生成不稳定的 $[Co(SCN)_4]^-$，在丙酮等有机溶剂中较稳定，此反应用于鉴定 Co^{2+}。Ni^{2+} 与丁二酮肟在弱碱性条件下反应生成鲜红色的内配盐，此反应常用于鉴定 Ni^{2+}。

铜和银是元素周期表中ⅠB 族元素。铜的重要氧化数为＋1 和＋2，银主要形成氧化数为＋1 的化合物。锌、镉、汞是元素周期表中ⅡB 族元素，它们都形成氧化数为＋2 的化合物，汞还能形成氧化数为＋1 的化合物。

$Cu(OH)_2$ 呈两性偏碱，能溶于较浓的 NaOH 溶液。$Cu(OH)_2$ 的热稳定性差，受热分解为 CuO 和 H_2O。$Zn(OH)_2$ 是两性氢氧化物。$Cd(OH)_2$ 是碱性氢氧化物。AgOH、$Hg(OH)_2$ 和 $Hg_2(OH)_2$ 都很不稳定，极易脱水变成相应的氧化物，而 Hg_2O 也不稳定，易歧化为 HgO 和 Hg。

Cu^{2+} 能与 I^- 反应生成 CuI 和 I_2；$[Cu(OH)_4]^{2-}$ 和 $[Ag(NH_3)_2]^+$ 都能被醛类或某些糖类还原，分别生成 Cu_2O 和 Ag；$HgCl_2$ 与 $SnCl_2$ 反应用于 Hg^{2+} 或 Sn^{2+} 的鉴定。水溶液中的 Cu^+ 不稳定，易歧化为 Cu^{2+} 和 Cu。Cu^{2+} 与 $K_4[Fe(CN)_6]$ 在中性或弱酸性溶液中反应，生成棕红色的 $Cu_2[Fe(CN)_6]$ 沉淀，此反应用于鉴定 Cu^{2+}。

Ag^+ 与稀 HCl 反应生成 AgCl 白色沉淀，AgCl 与 $NH_3 \cdot H_2O$ 溶液反应，沉淀溶解生成 $[Ag(NH_3)_2]^+$，继续加入稀 HNO_3 又生成 AgCl 沉淀，或加入 KI 溶液生成 AgI 沉淀。以上反应可鉴定 Ag^+。

Cu^{2+}、Cu^+、Ag^+、Zn^{2+}、Cd^{2+}、Hg^{2+} 都能与 NH_3 形成配合物。$[Cu(NH_3)_2]^+$ 是无色的，易被空气中的 O_2 氧化为深蓝色的 $[Cu(NH_3)_4]^{2+}$。Cu^{2+}、Ag^+、Zn^{2+}、Cd^{2+}、Hg^{2+} 与适量氨水反应生成氢氧化物、氧化物或碱式盐沉淀，而后溶于过量的氨水（有的需要 NH_4Cl 存在）。

在碱性条件下，Zn^{2+} 与二苯硫腙反应形成粉色的螯合物，此反应用于鉴定 Zn^{2+}。

【试剂及仪器】

HCl（2 mol·L^{-1}，浓），H_2SO_4（3 mol·L^{-1}），HNO_3（6 mol·L^{-1}），HAc（2 mol·L^{-1}），H_2S（饱和），NaOH（2 mol·L^{-1}、6 mol·L^{-1}），NH_3· H_2O（2 mol·L^{-1}、6 mol·L^{-1}），$AgNO_3$（0.1 mol·L^{-1}），$MnSO_4$（0.1 mol·L^{-1}），$CrCl_3$（0.1 mol·L^{-1}），K_2CrO_4（0.1 mol·L^{-1}），$K_2Cr_2O_7$（0.1 mol·L^{-1}），$BaCl_2$（0.1 mol·L^{-1}），$FeCl_3$（0.1 mol·L^{-1}），$CoCl_2$（0.1 mol·L^{-1}，0.5 mol·L^{-1}），$FeSO_4$（0.1 mol·L^{-1}），$NiSO_4$（0.2 mol·L^{-1}），NH_4Cl（1 mol·L^{-1}），KI（0.1 mol·L^{-1}），$K_4[Fe(CN)_6]$（0.1 mol·L^{-1}），$K_3[Fe(CN)_6]$（0.1 mol·L^{-1}），KBr（0.1 mol·L^{-1}），H_2O_2（3%），$Cu(NO_3)_2$（0.1 mol·L^{-1}），$CuSO_4$（0.1 mol·L^{-1}），NaCl（0.1 mol·L^{-1}），$Na_2S_2O_3$（0.1 mol·L^{-1}），$ZnSO_4$（0.1 mol·L^{-1}），$Zn(NO_3)_2$（0.1 mol·L^{-1}），$Cd(NO_3)_2$（0.1 mol·L^{-1}），葡萄糖（10%），丁二酮肟，丙酮，淀粉溶液，戊醇，溴水，二苯硫腙的 CCl_4 溶液，淀粉-KI 试纸，$FeSO_4·7H_2O$（s），KSCN(s)，KI(s)。

试管，离心管，烧杯，点滴板，水浴锅，离心机。

【实验步骤】

1. 铬、锰、铁、钴、镍氢氧化物的生成与性质

（1）向试管中加入 10 滴 0.1 mol·L^{-1} $CrCl_3$ 和 5 滴 2 mol·L^{-1} NaOH，制备 $Cr(OH)_3$ 沉淀，分别检验其在酸溶液中和碱溶液中的溶解情况，观察现象。

（2）取 3 支试管，分别加入 3 滴 0.1 mol·L^{-1} $MnSO_4$ 溶液和新鲜配制的 2 mol·L^{-1} NaOH 溶液，迅速检验 2 支试管中 $Mn(OH)_2$ 在酸碱溶液中的溶解情况，振荡第 3 支试管，观察现象。

（3）在试管中加入 2 mL 蒸馏水和 3 滴 3 mol·L^{-1} H_2SO_4 溶液，煮沸除去氧，冷却后加少量 $FeSO_4·7H_2O$(s)使其溶解。在另一支试管中加入 20 滴 2 mol·L^{-1} NaOH 溶液，煮沸驱氧。冷却后用长滴管吸取 NaOH 溶液，迅速插入 $FeSO_4$ 溶液底部挤出，观察实验现象。摇匀后分为 3 份，取 2 份检验在酸碱溶液中的溶解情况，另一份在空气中放置，观察现象。

（4）在离心管中加入 10 滴 0.5 mol·L^{-1} $CoCl_2$ 溶液，再逐滴加入 2 mol·L^{-1} NaOH 溶液，观察实验现象。离心分离，弃去清液，将沉淀分成 3 份，取 2 份检验沉淀的酸碱性，第 3 份在空气中放置，观察现象。

（5）用 0.2 mol·L^{-1} $NiSO_4$ 溶液代替 $CoCl_2$ 溶液，重复实验（4）。

（6）制取少量 $Fe(OH)_3$ 沉淀，观察其颜色和状态，并检查其酸碱性。

（7）在离心管中加入 3 滴 0.5 mol·L^{-1} $CoCl_2$ 溶液和 3 滴溴水，然后滴加 2 mol·L^{-1} NaOH 溶液，摇荡试管，观察实验现象。离心分离，弃去清液，在沉淀中滴加浓 HCl，并用淀粉-KI 试纸检查逸出的气体。写出有关的反应方程式。

（8）用 0.2 mol·L^{-1} $NiSO_4$ 溶液代替 0.5 mol·L^{-1} $CoCl_2$ 溶液，重复实验（7）。

2. Cr(Ⅲ)的还原性和 Cr^{3+} 的鉴定

在试管中加入 3 滴 0.1 mol·L^{-1} $CrCl_3$ 溶液，再逐滴加入 6 mol·L^{-1} NaOH 溶液至过量，然后滴加 3% 的 H_2O_2 溶液，微热，观察现象。待试管冷却后，继续滴加 3 滴 H_2O_2 和 3 滴 0.5 mL 戊醇，慢慢滴入 6 mol·L^{-1} HNO_3 溶液，振荡试管，观察现象。

3. CrO_4^{2-} 和 $Cr_2O_7^{2-}$ 的相互转化

（1）在离心管中加入 3 滴 0.1 mol·L^{-1} K_2CrO_4 溶液，再滴加 3 mol·L^{-1} H_2SO_4 溶液，观

察现象。然后滴加 2 mol·L^{-1} NaOH 溶液，观察实验现象。写出反应方程式。

(2)在 2 支试管中分别加入 3 滴 0.1 mol·L^{-1} K_2CrO_4 溶液和 0.1 mol·L^{-1} $K_2Cr_2O_7$ 溶液，再分别滴加 0.1 mol·L^{-1} $BaCl_2$ 溶液，观察现象。然后分别滴加 2 mol·L^{-1} HCl 溶液，观察现象。写出反应方程式。

4. 铁、钴、镍的配合物

(1)在点滴板上滴加 2 滴 0.1 mol·L^{-1} $K_4[Fe(CN)_6]$溶液，再滴加 2 滴 0.1 mol·L^{-1} $FeCl_3$ 溶液；在点滴板的另一孔穴中加入 2 滴 0.1 mol·L^{-1} $K_3[Fe(CN)_6]$溶液，再滴加 2 滴 0.1 mol·L^{-1} $FeSO_4$ 溶液。观察现象，写出有关的反应方程式。

(2)在离心管中加入 3 滴 0.1 mol·L^{-1} $CoCl_2$ 溶液和 3 滴 1 mol·L^{-1} NH_4Cl 溶液，然后再向其中滴加 6 mol·L^{-1} $NH_3·H_2O$ 溶液，观察现象。振荡后在空气中放置，观察溶液颜色的变化。

(3)在离心管中加入 3 滴 0.1 mol·L^{-1} $CoCl_2$ 溶液，再加入少量 KSCN 晶体，然后往里滴加 5 滴丙酮，振荡后观察现象。

(4)在离心管中加入 3 滴 0.2 mol·L^{-1} $NiSO_4$ 溶液，再滴加 2 mol·L^{-1} $NH_3·H_2O$ 溶液，观察现象。然后滴加 2 滴丁二酮肟溶液，观察有何变化。

5. Cu(Ⅰ)化合物的生成和性质

在离心管中加入 5 滴 0.1 mol·L^{-1} $CuSO_4$ 溶液，滴加 6 mol·L^{-1} NaOH 溶液至过量，再加入数滴 10%葡萄糖溶液，摇匀，微热，观察现象。离心分离，弃去清液，并洗涤沉淀。然后将沉淀分为 2 份，一份加入 3 滴 3 mol·L^{-1} H_2SO_4 溶液，另一份加入 3 滴 6 mol·L^{-1} $NH_3·H_2O$ 溶液，静置片刻，观察现象。

6. Cu^{2+} 的鉴定

在点滴板上加 1 滴 0.1 mol·L^{-1} $CuSO_4$ 溶液，再加 1 滴 2 mol·L^{-1} HAc 溶液和 1 滴 0.1 mol·L^{-1} $K_4[FeCN_6]$溶液，观察现象。写出反应方程式。

7. 银镜反应

在 1 支试管中加入 1 mL 0.1 mol·L^{-1} $AgNO_3$ 溶液，再滴加 2 mol·L^{-1} $NH_3·H_2O$ 溶液至生成的沉淀刚好溶解，加入 20 滴 10%的葡萄糖溶液，放在水浴锅中加热片刻，观察现象。然后倒掉溶液，滴加 2 mol·L^{-1} HNO_3 溶液，观察现象。

8. 设计实验

在离心管中加入 3 滴 0.1 mol·L^{-1} $AgNO_3$ 溶液，然后依次选用合适的试剂实现从 AgCl(s)、$[Ag(NH_3)_2]^+$、AgBr(s)、$[Ag(S_2O_3)_2]^{3-}$，最后到 AgI(s)的转化，观察现象。

9. Zn^{2+} 的鉴定

在离心管中加入 2 滴 0.1 mol·L^{-1} $ZnSO_4$ 溶液和 5 滴 6 mol·L^{-1} NaOH 溶液，再加 10 滴二苯硫腙的 CCl_4 溶液，振荡试管，观察水溶液层和 CCl_4 层颜色的变化。

10. 铜、银、锌、镉配合物的生成

在 4 支离心管中分别加入 5 滴 0.1 mol·L^{-1} $Cu(NO_3)_2$ 溶液、0.1 mol·L^{-1} $AgNO_3$ 溶液、0.1 mol·L^{-1} $Zn(NO_3)_2$ 溶液、0.1 mol·L^{-1} $Cd(NO_3)_2$ 溶液，然后每支试管中均逐滴加入 6 mol·L^{-1} $NH_3·H_2O$ 溶液至过量，观察现象。

【实验说明】

(1)铬废液要处理后回收。

(2)银镜实验后试管要马上清洗。

【思考题】

(1)在 $Co(OH)_3$ 中加入浓 HCl 有时会生成蓝色溶液,加水稀释后变为粉色,试解释之。

(2)在 $K_2Cr_2O_7$ 溶液中分别加入 $Pb(NO_3)_2$ 和 $AgNO_3$ 溶液会发生什么反应?

(3)在酸性溶液、中性溶液、强碱性溶液中,$KMnO_4$ 与 Na_2SO_3 反应的主要产物分别是什么?

(4)CuI 溶于饱和 KSCN 溶液,生成的产物是什么?将溶液稀释后会生成什么沉淀?

(5)用 $K_4[Fe(CN)_6]$ 鉴定 Cu^{2+} 的反应在中性或弱酸性溶液中进行,若加入 $NH_3 \cdot H_2O$ 或 NaOH 溶液会发生什么反应?

(6)实验中生成的含 $[Ag(NH_3)_2]^+$ 溶液应及时冲洗掉,否则可能会造成什么结果?

实验 15 阴阳离子的混合溶液分析

【实验目的】

(1)了解阳、阴离子混合液的分组鉴定的方案。

(2)掌握常见阳、阴离子的个别鉴定方法。

(3)培养综合应用基础知识的能力。

【实验提示】

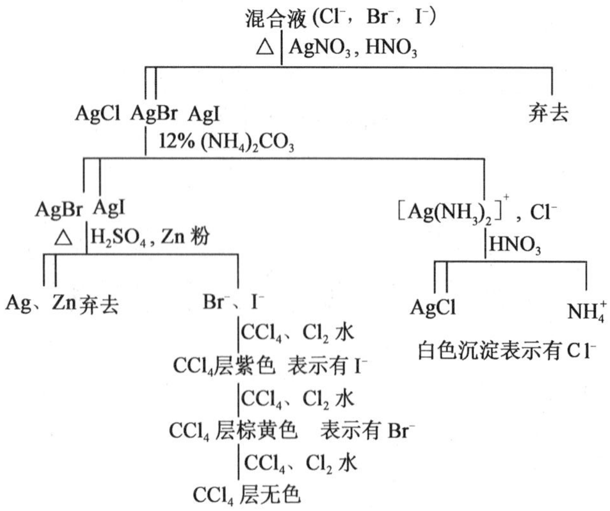

【实验要求】

(1)Cl^-、Br^-和I^-的分离与鉴定。设计方法分离并鉴定Cl^-、Br^-和I^-的混合溶液。给定试剂为:2 mol·L^{-1} HNO_3溶液,0.1 mol·L^{-1} $AgNO_3$溶液,12%的$(NH_4)_2CO_3$溶液,锌粒,6 mol·L^{-1} HAc溶液,CCl_4和饱和氯水。图示分离和鉴定的步骤,写出现象和有关反应的离子方程式。

(2)设计方法对以下两组混合离子进行分离和鉴定。图示分离和鉴定的步骤,写出现象和有关反应的离子方程式。

①含Cr^{3+}和Mn^{2+}的混合溶液。

②含Cu^{2+}和Mn^{2+}的混合溶液。

第 6 章　综合设计实验

实验 16　实验室纯水的制备与检验

【实验目的】

(1)了解离子交换法制备纯水的基本原理。

(2)学会离子交换树脂的一般处理方法。

(3)熟悉离子交换树脂处理水的过程。

(4)正确掌握水质检验的原理和方法。

【实验原理】

实验室通常采用蒸馏法、电渗析法、离子交换法将水净化，分别称为蒸馏水、电渗析水和去离子水。在 25℃时，电阻率分别为 $1\times10^{5}\,\Omega\cdot cm$；$10^{4}\sim10^{5}\,\Omega\cdot cm$；$5\times10^{6}\,\Omega\cdot cm$ 以上，显然电渗析水比蒸馏水的纯度略低。

去离子水纯度相对较高，是利用离子交换树脂除去水中的杂质离子，这种树脂含有特殊活性基团，能与其他物质进行离子交换，对酸碱及一般溶剂相当稳定。它具有网状的骨架结构，如果在骨架上引入磺酸($—SO_3^- H^+$)活性基团就成为强酸性阳离子交换树脂(732 型树脂)，它的特点是树脂中的活性基团与溶液中的阳离子进行交换；如果引入季胺($\equiv N^+ OH^-$)活性基团就成为强碱性阴离子交换树脂(717 型树脂)，它的特点是树脂中的活性集团可与溶液中的阴离子发生交换。

天然水或自来水中常含有 Mg^{2+}、Ca^{2+}、Na^+ 等阳离子和 HCO_3^-、SO_4^{2-}、Cl^- 等阴离子。当水样通过阳离子交换树脂时，水中的阳离子则与树脂中的 H^+ 交换，

$$2R—SO_3^- H^+ + Mg^{2+} \rightarrow (R—SO_3^-)_2 Mg^{2+} + 2H^+$$

$$R—SO_3^- H^+ + Na^+ \rightarrow R—SO_3^- Na^+ + H^+$$

当水样通过阴离子交换树脂时，水中的阴离子则与树脂中的 OH^- 交换，

$$R\equiv N^+ OH^- + Cl^- \rightarrow R\equiv N^+ Cl^- + OH^-$$

$$2R\equiv N^+ OH^- + SO_4^{2-} \rightarrow (R\equiv N^+)_2 SO_4^{2-} + 2OH^-$$

水样通过阴、阳混合离子交换树脂，交换出来的 OH^- 与 H^+ 发生中和反应而结合成水，得到纯度高的去离子水。离子交换树脂上进行的交换反应是可逆的，杂质离子可以交换出树脂

中的 H^+ 和 OH^-，H^+ 和 OH^- 也可以交换出树脂所含的杂质离子，因而用离子交换树脂制备纯水时，一般原水先分别经历阳离子交换柱和阴离子交换柱，然后再通过一个阴阳离子树脂均匀混合的混合柱，使得水质中性，杂质离子少。借助于交换反应可逆的特点，可以用一定浓度的酸或碱处理树脂，无机离子便从树脂上解脱出来，使得树脂得到再生。

水质的 pH、硬度及电导率是评判纯水优劣的指标，尤其是电导率反映的是水体含盐的情况，是纯水检验的首要指标。

【试剂与仪器】

HCl($3\ mol \cdot L^{-1}$)，NaOH($1\ mol \cdot L^{-1}$)，NaCl($1\ mol \cdot L^{-1}$)，$AgNO_3$($0.1\ mol \cdot L^{-1}$)，$NH_3 \cdot H_2O$(1∶2)，$BaCl_2$($0.5\ mol \cdot L^{-1}$)，钙指示剂，pH ＝10.0 的氨性缓冲溶液。

DDS-11A 型电导率仪，25 mL 酸式滴定管，玻璃棉。

【实验步骤】

1. 新树脂的预处理

(1)732 型树脂　将树脂用饱和 NaCl 溶液浸泡 24 h，用水漂洗至水澄清无色后，用纯水浸泡 4～8 h，再用 $3\ mol \cdot L^{-1}$ HCl 溶液浸泡 4 h。倾去盐酸溶液，最后用纯水洗至 pH5.0～6.0。

(2)717 型树脂　将树脂如同上法漂洗和浸泡后，改用 $1\ mol \cdot L^{-1}$ NaOH 浸泡 4 h。倾去 NaOH 溶液，再用纯水洗至 pH7.0～8.0。

2. 交换柱的制作

(1)交换柱下部空气的排除　取 1 支下端带有活塞的玻璃管，如图 6-16-1 管内底部放入一些玻璃丝。然后加入蒸馏水至管高度的 1/3，排除管下部和玻璃丝中的空气。

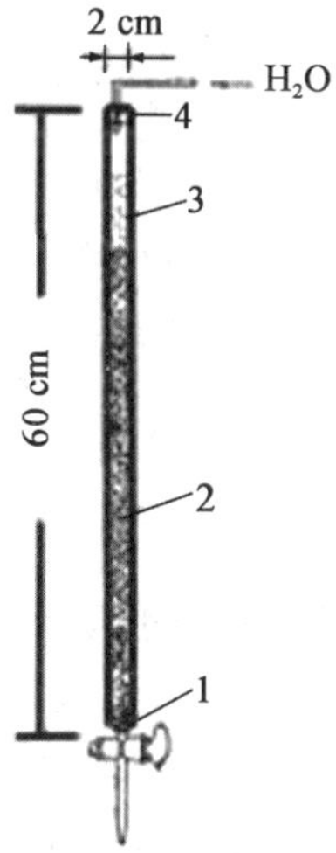

图 6-16-1　离子交换柱

1 玻璃丝；2 树脂；3 水；4 胶塞

(2)装柱　将前面处理好的阴、阳混合均匀的交换树脂(体积比为 2∶1)与水一起倒入玻璃管中，与此同时打开玻璃管的活塞，让水缓慢流出(水流速不能太快，防止树脂床露出水面)，使树脂均匀自然沉降。填充的树脂床的高度约 40 cm，床上部的水高为 4～6 cm。

(3)交换　将自来水注入柱中，同时打开活塞，控制水的流出速度为每分钟 60 滴左右(要注意防止树脂床干涸，柱中液面的位置应始终略高于树脂)，当流出的水约 100 mL 后，用电导率仪测量水的电导率应在 4×10^{-4} S·m^{-1} 以下，就可以开始收集。

3. 树脂的再生

树脂使用一段时间失去正常的交换能力后，可按如下方法再生：

(1)树脂的分离　放出交换柱内的水后，加入 1 mol·L^{-1} NaCl 溶液，用玻璃棒充分搅拌使树脂分成 2 层，再用倾泻法将上层阴离子树脂倒入烧杯中，重复此步骤操作直到阴阳离子树脂完全分离为止。将剩下的阳离子树脂倒入另一烧杯中。

(2)阴离子树脂再生　用自来水漂洗树脂 2～3 次，倾出水后加入 1 mol·L^{-1} NaOH 溶液浸泡约 20 min，倾去碱液，再用适量 1 mol·L^{-1} NaOH 溶液洗涤 2～3 次，最后用纯水洗至 pH7.0～8.0。

(3)阳离子树脂再生　水洗程序同上。然后用 3 mol·L^{-1} HCl 浸泡约 20 min，再用 3 mol·L^{-1} HCl 洗涤 2～3 次，再用纯水洗至水中检不出 Cl^-。

4. 水质检验

(1)电导率的测定　用小烧杯取 2/3 杯离子交换水(取水时，必须先用被测水淋洗烧杯 2～3 次)，用电导率仪测定其电导率，记录数据、同时测定自来水的电导率，进行比较。

(2)金属阳离子的检验　取少量水样于试管中，加入 5 滴 NH_3-NH_4Cl 缓冲液及 10 mg 铬黑 T 指示剂，若溶液呈红色，表示有金属阳离子存在，呈蓝色则为合格。

(3)Cl^- 离子的检验　取少量水样于试管中，加入 1 mol·L^{-1} HNO_3 使之酸化，然后加入 1～2 滴 0.1 mol·L^{-1} $AgNO_3$ 溶液摇匀。观察是否出现白色浑浊，无白色混浊为合格。

(4)SO_4^{2-} 离子的检验　取少量水样，加入 3～4 滴 0.5 mol·L^{-1} $BaCl_2$ 溶液，并加 1 mol·L^{-1} HNO_3 酸化，摇匀，无白色混浊即为合格。

(5)pH 的测定　取 30～50 mL 水样于烧杯中，用校正好的酸度计测定，记录 2～3 次读数，取平均值。

【实验说明】

(1)根据其基体的种类，离子交换树脂分为苯乙烯系树脂和丙烯酸系树脂。树脂中化学活性基团的种类决定了树脂的主要性质和类别，首先区分为阳离子树脂和阴离子树脂 2 大类，它们可分别与溶液中的阳离子和阴离子进行离子交换。阳离子树脂又分为强酸性和弱酸性 2 类，阴离子树脂又分为强碱性和弱碱性 2 类，见表 6-16-1。在实际应用上树脂通常根据实验需要转变为其他离子类型工作。例如本实验中将强酸性阳离子树脂与 NaCl 作用，转变为钠型树脂再使用。

表 6-16-1　主要的离子交换树脂类型

分类		化学结构	活性基团	国内产品型号（曾用型号）	工作交换总容量 m mol · mL^{-1}	可交换的 pH 范围
阳离子交换树脂	强酸性	苯乙烯型 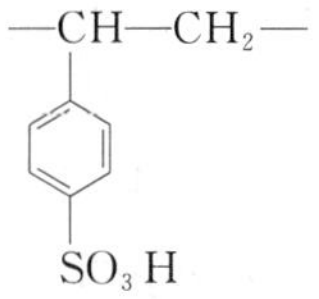	$—SO_3II$	001 * 7 (732)	1.5~2.0	0~14
	弱酸性	丙烯酸型 —CR—CH_2— COOH	—COOH	111(110)	2.0～3.5	5～14
阴离子交换树脂	强碱性	苯乙烯型 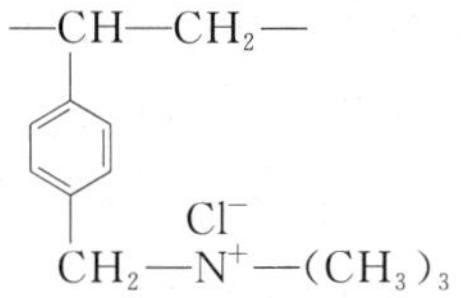	季胺基 ≡NCl—N $(CH_3)_3Cl$	201 * 7(717) 201 * 4(711)	1.0～1.2	0～12
	弱碱性	苯乙烯型 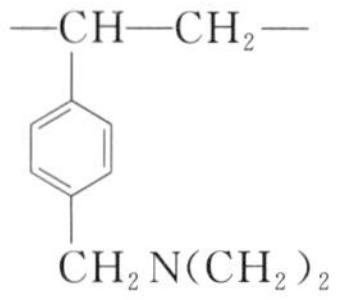	$—NH_2$ =NH ≡N	D301 (710A710B)	1.0～2.0	0～9

(2)实验采用湿法装填大孔树脂柱，实验过程中控制好液体流出的速度，谨防树脂柱存在气泡和干柱现象。

【思考题】

(1)离子交换法净化水的原理是什么？

(2)新树脂在使用前为什么需要事先处理？

(3)制作离子交换树脂柱时在操作上要注意哪些问题？

(4)如何评判制得的纯水水质？

实验 17　具有发光性质材料的制备

【实验目的】

(1)了解回收废电池中锌的过程。

(2)进一步掌握无机制备中去除杂质的方法。

(3)学习配合物的制备和产品的表征。

【实验原理】

1. 制备 $ZnSO_4$

发光材料分为无机发光材料和有机发光材料2大类，在工业、农业、医学、国防等领域有广泛应用，如我们常见的荧光增白剂、荧光染料，可以作为生物分子探针用于荧光分析，可以作为交通标志，还可以应用于卫星通信等。其中具有大共轭体系的有机分子在外界激发下，容易产生电子能级的跃迁，发出不同波长的光，满足各种不同的需求，因而在发光领域中有机发光材料的研究日益受到人们重视。有机物发光包括光致发光、电致发光、化学发光、生物发光等。从分子结构上可将有机发光材料分为有机小分子材料、有机高分子材料。

邻二氮菲是含多基配体的有机小分子，研究表明它是一种具有刚性平面结构的化合物，本身具有发荧光的特性，但是其性能不稳定，可以利用 Zn^{2+} 离子与之配位，形成一种新的配合物，增强分子的整体刚性，使荧光稳定性性能增强。本实验的 Zn^{2+} 离子从废旧电池中获得。

锌锰干电池是一次性电池，可分为酸性和碱性2类，其主要成分为锌皮、锌粉、氧化锌、氯化锌、炭棒、乙炔黑、氯化铵、铅、镉、汞、电糊、沥青、三氧化二锰、二氧化锰、塑料、铁合金外壳、纸等。锌皮既是电池的负极又是电池的外壳。我们可以对电池进行机械分选，分拣出锌皮、铁壳、炭棒和其他成分，分别进行处理。锌皮是制取 $ZnSO_4$ 的主要原料，将锌皮用酸浸取，$Zn+2H^+=Zn^{2+}+H_2\uparrow$，此时少量的杂质铁也同时溶解，$Fe+2H^+=Fe^{2+}+H_2\uparrow$，根据母液组分可先行氧化，然后控制 pH 使 Fe^{3+} 形成沉淀除去，即可制得纯净的 $ZnSO_4$。

2. 制备发光配合物

邻二氮菲是含多基配体的有机小分子，与 Zn^{2+} 离子可以形成 1∶1 的配合物。

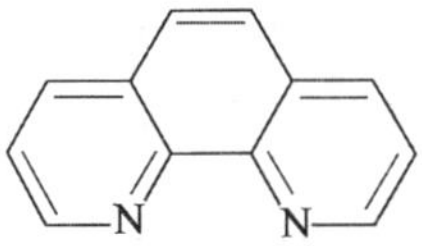

【试剂及仪器】

H_2SO_4(3 mol·L^{-1})，HNO_3(2 mol·L^{-1})，NaOH(2 mol·L^{-1})，H_2O_2(3%)，邻二氮菲，乙醇。

电子天平(0.01 g/分度)，蒸发皿，抽滤装置，回流装置，恒温水浴，紫外灯，紫外可见光度计。

【实验步骤】

1. 拆分电池

拆解2个5号废电池的锌皮，将锌皮表面用水刷洗干净，剪碎。另将拆解电池的其他物质放到专用回收器内，不得随意丢弃。

2. 溶解

称取处理好的锌皮 3 g，加入 25 mL 3 mol·L^{-1} 的 H_2SO_4，用表面皿盖好，放置过夜。然后过滤，弃去残渣。

3. $Zn(OH)_2$ 的生成

将滤液加热近沸，加入 3% H_2O_2 溶液 1 mL(如果铁杂质多，可适当多加至溶液出现黄色，且颜色不再加深)，然后滴加 2 mol · L^{-1} NaOH 溶液，并不断搅拌，逐渐有大量白色 $Zn(OH)_2$ 沉淀生成。然后在不断搅拌下，继续滴加 NaOH 至溶液 pH=8 为止。抽滤，沉淀用蒸馏水淋洗数次，直至滤液中不含 Cl^-。

4. 去除铁杂质

将 $Zn(OH)_2$ 的沉淀转移至烧杯中，另取 2 mol · L^{-1} H_2SO_4 溶液滴加到 $Zn(OH)_2$ 沉淀中。小火加热，并继续小心滴加硫酸，控制溶液 pH=4(注意：后期加酸要缓慢。当溶液 pH=4 时，即使还有少量白色沉淀未溶，也不必加酸)。

将溶液加热至沸，促使 Fe^{3+} 水解完全，生成 $Fe(OH)_3$ 沉淀。趁热抽滤，弃去沉淀。

5. 蒸发、结晶

在除铁后的滤液中，滴加 2 mol · L^{-1} H_2SO_4 使溶液 pH=2，然后转入蒸发皿中，在水浴上蒸发、浓缩至液面上出现晶膜。自然冷却后，抽滤，得到产品。

6. 发光配合物的制备

按照 $ZnSO_4$ 与邻二氮菲物质的量之比为 1∶1，计算出配制 0.05 mol · L^{-1} 的溶液 40 mL 需要称取的 2 种物质的质量，然后将其混合在乙醇溶液中，回流 1 h，再浓缩至干。如果铁的去除效果不好，溶液为红色。

7. 发光配合物的表征

取少许蒸干的物质于紫外灯下，观察其发光的特性，并与邻二氮菲对比。

溶解少量的蒸干物质，进行紫外可见光谱的波长扫描，与邻二氮菲对比观察其最大峰位处波长的变化。

【实验说明】

(1)为了便于实验，拆解旧电池时应选择普通锌锰电池干电池，即市场上最常见、最便宜的一种。

(2)去除铁杂质时要控制好酸加入的量(如果溶解锌皮时加多了酸，将消耗大量的碱溶液)。

【思考题】

(1)在拆解旧电池时，为了不对环境造成污染，应注意什么？

(2)生成 $Zn(OH)_2$ 沉淀之前，溶液中加入 H_2O_2 的目的是什么？

(3)蒸发结晶出的产品如果是微红色，说明什么？

实验 18　由废铁屑制备试剂级硫酸亚铁铵

【实验目的】

(1)学习利用溶解度的差异制备无机复盐的方法。

(2)巩固无机制备中的基本操作。

(3)学习目视比色法检验产品中的杂质含量的方法。

【实验原理】

复盐是 2 种或 2 种以上简单盐类组成的晶态化合物，其性质与组成它的简单盐无区别，但是比较稳定，在空气中不易被氧化，溶解度比组成它的简单盐要小。

硫酸亚铁铵俗称莫尔盐，常以水合物形式存在，其水合物为浅蓝绿色单斜晶体，是一种复盐。在空气中比亚铁盐稳定，不易被氧化，易溶于水。由于硫酸亚铁铵在水中的溶解度比组成它的每一个单盐 $FeSO_4$ 和 $(NH_4)_2SO_4$ 的溶解度都小，因此只需要将等物质的量的 $FeSO_4$ 溶液与 $(NH_4)_2SO_4$ 溶液混合，经蒸发浓缩，硫酸亚铁铵会优先析出来，再经过冷却结晶，即得 $(NH_4)_2SO_4 \cdot FeSO_4 \cdot 6H_2O$ 复盐晶体。

在生活中经常产生大量的废铁，可以首先利用废铁与稀硫酸作用生成硫酸亚铁，再利用 $FeSO_4$ 溶液与 $(NH_4)_2SO_4$ 溶液等物质的量相互作用，制得溶解度较小的硫酸亚铁铵。

$$Fe + H_2SO_4 = FeSO_4 + H_2\uparrow$$

$$FeSO_4 + (NH_4)_2SO_4 + 6H_2O = (NH_4)_2SO_4 \cdot FeSO_4 \cdot 6H_2O$$

产品的主要杂质是 Fe^{3+}，产品的质量等级经常以 Fe^{3+} 含量的多少来判定。Fe^{3+} 与 KSCN 可以形成血红色配离子，根据血红色颜色的深浅，可用目视比色法确定其 Fe^{3+} 的级别。

【试剂与仪器】

废铁屑，$(NH_4)_2SO_4$，KSCN（1 mol·L^{-1}），H_2SO_4（3 mol·L^{-1}），0.01 mg·mL^{-1} Fe^{3+} 标准液，pH 试纸。

电子天平（0.01 g/分度），烧杯（100 mL），恒温水浴，锥形瓶（150 mL），量筒（10 mL、50 mL），布氏漏斗，吸滤瓶，蒸发皿，比色管。

【实验步骤】

1. 废铁屑的净化

称取约 5.0 g 废铁屑于小三角瓶内，在通风橱中，加入 20 mL 10%的 Na_2CO_3 溶液，电炉上缓慢加热 5 min 除去表面的油污，用倾泻法过滤，将铁屑用清水洗净。

2. 硫酸亚铁溶液的制备

向净化过的铁屑中加入 30 mL 3 mol·L^{-1} H_2SO_4，快速将锥形瓶放入通风橱内的水浴中加热，固定好锥形瓶，瓶口盖好表面皿。注意反应时水浴温度控制在 70～80℃（为什么?），直至不再有气泡冒出为止。反应过程中时刻注意补充蒸发掉的水，保持溶液原有体积，若补充太多水或加热溶解时间太长对实验都带来不利的影响(为什么?)。反应结束后，迅速趁热减压抽滤，用少量热水洗涤锥形瓶及漏斗中的残渣，将滤液转移到洗净的蒸发皿中。

3. 硫酸亚铁铵的制备

将滤纸上的残渣吹干，称量残渣质量，按反应 1 g 铁需 2.2 g $(NH_4)_2SO_4$ 的比例，称取所需的固体 $(NH_4)_2SO_4$，计算出溶剂的体积，配成饱和溶液。$(NH_4)_2SO_4$ 不同温度下的溶解度见表 6-18-1。将此溶液加入滤液中，注意滤液的 pH 控制在 1～2，可以用少量的稀 H_2SO_4 调节，用恒温水浴加热上述溶液，不可搅拌溶液，直至溶液表面出现薄膜。取下蒸发皿，使其自然冷却到室温，硫酸亚铁铵晶体析出，经过减压抽滤除去母液，将晶体转移至表面皿上，晾干后称重，计算产率。

表 6-18-1　硫酸铵在水中的溶解度　$g/100\ g\ H_2O$

温度(℃) 物质名称	10	20	30	40
$(NH_4)_2SO_4$	73.0	75.4	78.0	81.0

4. 目视比色法检验产品质量

称取 1.0 g 产品，用少量不含氧的蒸馏水溶解，转移至 25 mL 比色管中。再加 1 mL 3 $mol \cdot L^{-1}$ H_2SO_4 和 1 mL 1 $mol \cdot L^{-1}$ KSCN 溶液，稀释至比色管 25 mL 刻度线，摇匀后，用目视比色法与 Fe^{3+} 的标准色阶进行比较，确定产品的级别(表 6-18-2)。

表 6-18-2　硫酸亚铁铵产品等级

级别	一	二	三	四
Fe^{3+} 含量/mg	0.05	0.10	0.15	0.2

【实验说明】

(1)实验时不需要将废铁屑溶解完全。

(2)废铁屑中含有大量的杂质，溶解时产生难闻的气体(H_2S)，因此实验要在通风橱中进行。

(3)酸溶解样品时注意控制水浴的温度。

(4)分次补充水分对防止硫酸亚铁的析出很重要。

(5)浓缩溶液前务必检验溶液的酸度。

(6)抽滤得到产品后，用少量的无水乙醇洗涤产品。

【思考题】

(1)制备硫酸亚铁时为什么水浴的温度控制在 70～80℃之间？

(2)制备硫酸亚铁时为什么要补充水分？

(3)为什么在蒸发浓缩时溶液有时会出现黄色？

(4)怎样得到颗粒较大的晶体？

实验 19　三草酸根合铁(Ⅲ)酸钾的制备与产品的化学分析

【实验目的】

(1)了解配合物制备的过程。

(2)学习利用“溶剂替换法”进行结晶，巩固无机物制备的基本操作。

(3)通过对产品的定性分析，了解三草酸根合铁(Ⅲ)酸钾的性质。

(4)通过定量分析确定三草酸根合铁(Ⅲ)酸钾的组成。

【实验原理】

1. 配合物的合成

制备三草酸根合铁(Ⅲ)酸钾有多种方法，以 $FeCl_3$ 或 $Fe_2(SO_4)_3$ 为原料，直接与 $K_2C_2O_4$

反应合成三草酸根合铁(Ⅲ)酸钾最为简便;以 $FeSO_4$ 或$(NH_4)_2SO_4 \cdot FeSO_4 \cdot 6H_2O$ 为原料,通过沉淀溶解、配位反应、氧化还原反应和草酸电离平衡等一系列过程制备三草酸根合铁(Ⅲ)酸钾,涉及无机化学原理的多种应用。本实验利用硫酸亚铁铵与草酸在酸性溶液中反应,制备出难溶的草酸亚铁沉淀,用倾泻法洗去杂质后,在草酸钾和草酸存在下,用过氧化氢氧化草酸亚铁即可制得三草酸根合铁(Ⅲ)酸钾配合物,同时有 $Fe(OH)_3$ 生成,加入适量草酸可使 $Fe(OH)_3$ 转化为三草酸根合铁(Ⅲ)酸钾配合物,最后采用"溶剂替换法",加入乙醇后,在常温下从溶液中析出 $K_3[Fe(C_2O_4)_3] \cdot 3H_2O$ 晶体。

反应式如下:

$$(NH_4)_2Fe(SO_4)_2 \cdot 6H_2O + H_2C_2O_4 \rightarrow FeC_2O_4 \cdot 2H_2O + (NH_4)_2SO_4 + H_2SO_4 + 4H_2O$$

$$2FeC_2O_4 \cdot 2H_2O + H_2O_2 + 3K_2C_2O_4 + H_2C_2O_4 \rightarrow 2K_3[Fe(C_2O_4)_3] \cdot 3H_2O + 6H_2O$$

产品三草酸根合铁(Ⅲ)酸钾 $K_3[Fe(C_2O_4)_3] \cdot 3H_2O$ 是翠绿色的单斜晶体,易溶于热水,难溶于乙醇。见光极易分解,室温光照就可分解变为黄色 FeC_2O_4。

$$2K_3[Fe(C_2O_4)_3] \rightarrow 2FeC_2O_4 + 3K_2C_2O_4 + 2CO_2\uparrow$$

2. 配合物的定性分析

$K_3[Fe(C_2O_4)_3] \cdot 3H_2O$ 在日光照射或强光下分解生成的草酸亚铁,遇六氰合铁(Ⅲ)酸钾生成滕氏蓝,在实验室中可作成感光纸,进行感光实验。

$$3FeC_2O_4 + 2K_3[Fe(CN)_6] \rightarrow Fe_3[Fe(CN)_6]_2 + 3K_2C_2O_4$$

K^+ 与 $Na_3[Co(NO_2)_6]$ 在中性或弱酸性介质下可以生成黄色的难溶配合物,Fe^{3+} 与 KSCN 反应生成的配合物为血红色,$C_2O_4^{2-}$ 与 Ca^{2+} 则可以生成白色的沉淀。利用上述实验现象可以判断 $K_3[Fe(C_2O_4)_3] \cdot 3H_2O$ 中的 K^+、Fe^{3+}、$C_2O_4^{2-}$ 处于配合物中的位置,中心离子、配位体、内界离子、外界离子的归属。

3. 配合物的定量分析

①重量分析法测定结晶水含量　在 110℃ $K_3[Fe(C_2O_4)_3] \cdot 3H_2O$ 即失去结晶水,因此使 $K_3[Fe(C_2O_4)_3] \cdot 3H_2O$ 在 110℃干燥脱水,通过前后质量之差,可以计算结晶水的含量。

②用高锰酸钾法测定 $C_2O_4^{2-}$ 和 Fe^{3+} 含量　在酸性介质中 Fe^{2+} 和 $C_2O_4^{2-}$ 可被高锰酸钾氧化:

$$5Fe^{2+} + MnO_4^- + 8H^+ = 5Fe^{3+} + Mn^{2+} + 4H_2O$$

$$5C_2O_4{}^{2-} + 2MnO_4^- + 16H^+ = 2Mn^{2+} + 10CO_2\uparrow + 8H_2O$$

先用已知准确浓度的 $KMnO_4$ 标准溶液滴定出 $C_2O_4^{2-}$ 的质量分数,然后在测定完毕 $C_2O_4^{2-}$ 的溶液中加过量的还原剂锌粉,将 Fe^{3+} 还原成 Fe^{2+}。过滤掉剩余锌,用 $KMnO_4$ 标准溶液滴定出 Fe^{2+} 的质量分数。

【试剂与仪器】

$KMnO_4$(s),$(NH_4)_2Fe(SO_4)_2 \cdot 6H_2O$(s),锌粉,$H_2SO_4$(3 mol·L^{-1}),$K_2C_2O_4$(s),$H_2C_2O_4$(0.5 mol·L^{-1}),6% H_2O_2,无水乙醇,$Na_2C_2O_4$(s),$K_3[Fe(CN)_6]$(0.5 mol·L^{-1},0.1 mol·L^{-1}),$Na_3[Co(NO_2)_6]$(20%),$FeCl_3$(0.1 mol·L^{-1}),KSCN(0.1 mol·L^{-1}),

$K_2C_2O_4$(0.5 mol·L^{-1}),$CaCl_2$(0.5 mol·L^{-1}),HCl(2 mol·L^{-1}),$BaCl_2$(0.1 mol·L^{-1})。

酸式滴定管(50 mL),烘箱,电子天平(0.01 g/分度、0.000 1 g/分度),移液管,容量瓶,烧杯,锥形瓶,量筒,称量瓶,表面皿,滤纸,布氏漏斗,抽滤瓶。

【实验步骤】

1. 三草酸根合铁(Ⅲ)酸钾的制备

称取 5.0 g 硫酸亚铁铵固体,加入 20 滴 3 mol·L^{-1} H_2SO_4 和 15 mL 水,加热溶解后,再缓慢加入 25 mL 0.5 mol·L^{-1} 的 $H_2C_2O_4$,加热至沸,搅拌片刻,静置。待黄色的 FeC_2O_4 晶体充分沉降后,取少量清液于试管中,煮沸,观察是否有沉淀生成,如果无沉淀则用倾泻法弃去上层清液。在沉淀上加入约 10 mL 热水,充分搅拌,静置后倾出上层清液。反复多次,检验洗涤液中是否含有 SO_4^{2-}。

配制 10 mL 饱和 $K_2C_2O_4$ 溶液,将其加入洗净的沉淀中,放置于恒温水浴上,温度控制为 40℃,用滴管缓慢滴加 10mL 6% H_2O_2,滴加的时候要不断搅拌并维持温度在 40℃左右,然后检验 Fe^{2+} 是否充分被氧化为 Fe^{3+},取 1 滴所得的悬浊液放于点滴板上,加入 1 滴 $K_3[Fe(CN)_6]$,观察是否出现蓝色。如果未完全氧化,再继续滴加适量的 H_2O_2 直至氧化完全,将检验过的溶液加热至沸,并且不断搅拌,除去过量的 H_2O_2,注意煮沸的时间不宜过长,然后逐滴加入适量 0.5 mol·L^{-1} 的 $H_2C_2O_4$,使沉淀溶解,此时应快速搅拌。此时溶液应为透明的绿色,在滤液中加入 10 mL 无水乙醇。在暗处放置,冷却,结晶后抽滤至干并用少量的乙醇溶液洗涤。称量,计算产率。

2. 三草酸根合铁(Ⅲ)酸钾的性质

(1)取绿豆大小的产品放在表面皿上,在强烈的日光下放置片刻,观察晶体的颜色,与放在暗处的晶体比较,发生了哪些变化。

(2)取样品 0.5 g 配成饱和溶液[三草酸根合铁(Ⅲ)酸钾的溶解度:0℃,4.7 g/100 g;100℃,117.7 g/100 g],再加入等体积的 0.5 mol·L^{-1} 铁氰化钾溶液,混合均匀后用毛笔蘸取少量溶液涂在白纸上,在暗处晾干后,覆盖上一幅图案,于日光下直照,观察发生的现象。

由(1)和(2)实验结果体会三草酸根合铁(Ⅲ)酸钾的感光性。

(3)在试管中溶解少许产品,取 10 滴产品溶液,再加入 2 滴 $Na_3[Co(NO_2)_6]$溶液,充分混匀,必要时可用玻璃棒摩擦试管内壁,观察是否有黄色浑浊现象。

(4)取 2 支试管,分别加入 10 滴产品溶液和 10 滴 0.1 mol·L^{-1} 的 $FeCl_3$ 溶液,各加 2 滴 0.1 mol·L^{-1}KSCN,观察溶液是否出现血红色。

(5)取 2 支试管,分别加入 10 滴产品溶液和 10 滴 0.5 mol·L^{-1} 的 $K_2C_2O_4$ 溶液,各加入 2 滴 0.5 mol·$L^{-1}$$CaCl_2$,观察现象有何不同?

由实验(3)、(4)、(5)的现象可以定性地判断配合物的中心原子、配体、内界和外界。

3. 三草酸根合铁(Ⅲ)酸钾的定量分析

(1)结晶水含量的测定　取 2 个洁净的称量瓶放入烘箱中,在 110℃下干燥 1 h,然后放于干燥器中冷却至室温,称量。再放入烘箱中,在 110℃下干燥 20 min,然后冷却相同时间后再称量,重复上述操作,直至称量瓶恒重(2 次称量相差不超过 0.2 mg)。

准确称取 0.5~0.6 g 产品 2 份(准确至 0.1 mg),分别放入已恒重的称量瓶中,在 110℃的烘箱中干燥 1 h,然后于干燥器中冷至室温,称量。再重复上述操作,直至称量瓶恒重(2 次

称量相差不超过 0.2 mg)。

根据 2 次称量结果之差,计算结晶水的质量分数。

(2)草酸根含量的测定　准确称取 0.18～0.22 g 干燥过的 $K_3[Fe(C_2O_4)_3]$ 样品 3 份,各加入约 30 mL 蒸馏水和 10 mL 3 mol·L^{-1} H_2SO_4。溶解后,溶液加热至 75～85℃,用 0.02 mol·L^{-1} $KMnO_4$ 标准溶液滴定,仔细观察溶液的变化,记录 $KMnO_4$ 标准溶液的消耗体积,计算出草酸根的质量分数。滴定完的溶液保留待用。

(3)铁含量的测定　在上述保留溶液中加入适量的还原剂锌粉,加热溶液近沸,直到黄色消失。使 Fe^{3+} 完全还原为 Fe^{2+},趁热过滤除去多余的锌粉。滤液放于另一个干净的锥形瓶,洗涤漏斗与锌粉,使 Fe^{2+} 全部转移到滤液中,再用 0.02 mol·L^{-1} $KMnO_4$ 溶液滴至粉红色。记录消耗 $KMnO_4$ 标准溶液的体积,计算铁的质量分数。由测得的 $C_2O_4^{2-}$、Fe^{3+} 的质量分数计算出 Fe^{3+} 与 $C_2O_4{}^{2-}$ 的配位比。

【实验说明】

(1)用过氧化氢氧化 Fe^{2+} 时,要注意条件是"搅拌"和"微热",搅拌是为了加快反应的速度。微热是因为反应温度过高,加快了过氧化氢的分解,导致 Fe^{2+} 离子转化不完全。

(2)加热除过量 H_2O_2 时,煮沸时间不可过长。否则生成大颗粒的 $Fe(OH)_3$ 的沉淀,不易溶解。

(3)加入草酸时,注意控制溶液 pH,草酸用量要适当,既要防止副反应的发生,又要能够将 $Fe(OH)_3$ 溶解。

(4)溶解 $Fe(OH)_3$ 时搅拌速度要快而且要滴加,不可一次倒入。

(5)合成三草酸根合铁(Ⅲ)酸钾之后,产品一定要避光保存。

【思考题】

(1)在合成三草酸根合铁(Ⅲ)酸钾时,为什么用 H_2O_2 作氧化剂?制备草酸亚铁之后要洗去何种杂质?如何在 $C_2O_4^{2-}$ 存在的情况下检验 SO_4^{2-}?

(2)用 H_2O_2 氧化时为什么要严格控制温度?

(3)$Fe(OH)_3$ 沉淀完全后,为什么还要"搅拌、加热煮沸"?

(4)如何检验 Fe^{2+} 是否氧化完全?如果氧化不完全怎么办?

(5)制备三草酸根合铁(Ⅲ)酸钾时加入乙醇的作用是什么?能否舍弃这一步?

(6)制备三草酸根合铁(Ⅲ)酸钾时可能会产生哪些副反应?

实验 20　过氧化钙的制备及含量的测定

【实验目的】

(1)掌握过氧化钙的制备原理和方法。

(2)掌握量气法测定过氧化钙含量的方法。

(3)练习无机制备的一般操作。

【实验原理】

利用天然的大理石,经过处理可以得到纯的 $CaCO_3$,再经过化学反应转化为 $CaCl_2$,$CaCl_2$

在碱性条件下与 H_2O_2 发生反应可以制备过氧化钙。本实验直接以氯化钙、过氧化氢为原料，制备过氧化钙。

$$CaCl_2 + H_2O_2 + 2NH_3 \cdot H_2O + 6H_2O = CaO_2 \cdot 8H_2O(s) + 2NH_4Cl$$

从溶液中制得的过氧化钙含有结晶水，最高可以达到 8 个结晶水。含有结晶水的过氧化钙呈白色，失去结晶水后呈黄色。加热过氧化钙至 350℃左右，过氧化钙迅速分解，生成氧气和氧化钙。过氧化钙的分解反应如下：

$$2CaO_2 \xrightarrow{350℃} 2CaO + O_2\uparrow$$

过氧化钙含量的测定采用量气法。称取一定量的无水过氧化钙样品，加热，使之完全分解，并在一定温度和压力下，测量反应前后量气管内气体的体积变化，根据理想气体状态方程和反应方程式计算产品中过氧化钙的质量分数。

【试剂与仪器】

$CaCl_2$(s)，H_2O_2(6%)，浓氨水，无水乙醇。

电子天平(0.01 g/分度)，分析天平(0.000 1 g/分度)，量气装置，烧杯，量筒，冰水浴装置，抽滤装置，表面皿，烘箱，玻璃棒，酒精灯，火柴等。

【实验步骤】

1. 过氧化钙的制备

称取 5 g $CaCl_2$ 固体，用 20 mL 蒸馏水溶解(0℃完全溶解需 10～15 mL 蒸馏水)。另取 1 个烧杯，加入 30 mL 6%的 H_2O_2 和 15 mL 浓氨水。将配制的氯化钙溶液和过氧化氢-氨水溶液分别置于冰水浴中冷却(约 15 min)。

待溶液充分冷却，剧烈搅拌下将 $CaCl_2$ 溶液逐滴滴入过氧化氢-氨水溶液中。滴加完毕，继续在冰水浴内放置 30 min，观察白色过氧化钙晶体的生成。抽滤，用 5 mL 无水乙醇洗涤沉淀 3 次，将晶体抽干。

将抽干后的过氧化钙晶体放在表面皿上，先在 60℃烘箱内烘 20 min，再于 140℃烘箱内烘 30 min，取出冷却、称重，计算产率。

2. 过氧化钙的定性检验

取少量自制的过氧化钙固体于试管中，加热，将带有余烬的卫生香伸入试管，观察实验现象，判断是否为过氧化钙。

3. 过氧化钙含量的测定

按装置图将量气管与水准管用橡皮管连接，向水准管内注入水，并将水准管上下移动，赶出橡皮管内空气，量气管的水面刻度控制在 0～5 mL。

如图 6-20-1，将试管和量气管相连，检验是否漏气。

准确称取 0.20～0.25 g 已经干燥的过氧化钙，转移至试管底部。转动试管，使固体在试管底部均匀地铺成薄层。把试管连接到量气管上，塞紧橡皮塞，并再次检查装置是否漏气。

确定不漏气后，调节水准管的位置，使与量气管液面相平，记录量气管的初读数，精确到 0.01 mL。

用小火缓慢、均匀加热试管，过氧化钙逐渐分解，放出氧气。反应过程中尽量使量气管和

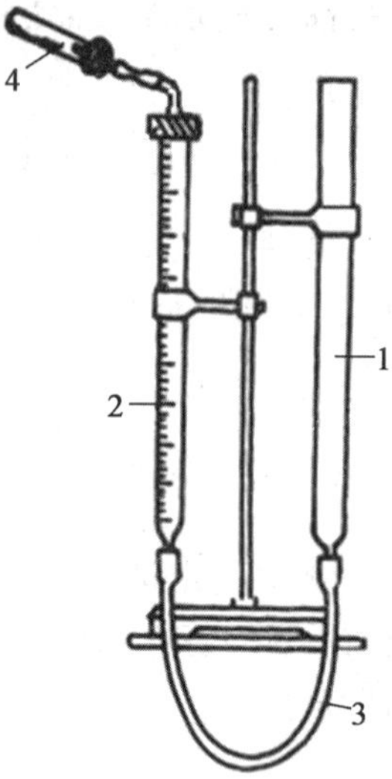

图 6-20-1　过氧化钙含量测定装置图

1 水准管；2 量气管；3 橡皮管；4 试管

水准管的液面保持相平。待过氧化钙大部分分解后，加大火焰，使过氧化钙完全分解，停止加热。等试管完全冷却，使量气管与水准管液面相平，记录量气管的终读数。记录实验室的温度和大气压，计算制备的产品中过氧化钙的质量分数。

【实验说明】

(1)反应温度在 0～8℃为宜。

(2)抽滤出的产品是八水化合物，先在 60℃烘 20 min 形成二水化合物，再于 140℃烘 30 min 得无水 CaO_2。

(3)过氧化钙加热分解过程中，开始不能加热过快。

【思考题】

(1)所得产物的主要杂质是什么？如何提高产物的产率和纯度？

(2)写出由实验测得数据计算过氧化钙百分含量的计算公式。

实验 21　葡萄糖酸锌的制备与表征

【实验目的】

(1)掌握葡萄糖酸锌的制备原理和方法。

(2)巩固蒸发、浓缩、减压过滤和重结晶等操作。

(3)了解锌盐含量的测定方法。

(4)了解锌的生物意义。

【实验原理】

锌是人体必需的微量元素之一，在人体生长发育过程中起着极其重要的作用，常被人们誉为“生命之花”和“智力之源”。人体缺锌会造成生长停滞、智力发育低于正常、嗅觉差、味觉减退和创伤愈合不良等现象，从而引发各种疾病。葡萄糖酸锌作为补锌药，具有见效快、吸收率高、副作用小等优点，主要用于治疗儿童及妊娠妇女由于缺锌引起的各种病症。

葡萄糖酸锌为白色结晶性或颗粒性粉末，无臭，味微涩。易溶于水，在沸水中极易溶解，不溶于无水乙醇、三氯甲烷和乙醚。合成葡萄糖酸锌的方法很多，可分为直接合成法和间接合成法两大类。

葡萄糖酸锌是以葡萄糖酸钙和硫酸锌（或硝酸锌）等为原料直接合成。反应方程式如下：

$$Ca(C_6H_{11}O_7)_2 + ZnSO_4 = Zn(C_6H_{11}O_7)_2 + CaSO_4$$

过滤除去 $CaSO_4$，溶液经浓缩、结晶可得葡萄糖酸锌晶体。

然后采用 EDTA 配位滴定法测定锌含量。在 pH≈10 的溶液中，铬黑 T(EBT)与 Zn^{2+} 形成比较稳定的酒红色螯合物(Zn-EBT)，而 EDTA 与 Zn^{2+} 能形成更为稳定的无色螯合物。因此滴定至终点时，铬黑 T 便被 EDTA 从 Zn-EBT 中置换出来，游离的铬黑 T 在 pH 8～11 的溶液中呈纯蓝色。

$$\text{Zn-EBT} + Y = ZnY + EBT$$

葡萄糖酸锌溶液中游离的锌离子也可与 EDTA 形成稳定的配合物，因此 EDTA 滴定法能确定葡萄糖酸锌的含量。计算公式如下：

$$\omega\{Zn(C_6H_{11}O_7)_2\} = \frac{c(\text{EDTA}) \cdot V(\text{EDTA}) \cdot M\{Zn(C_6H_{11}O_7)_2\}}{m_{样品}}$$

【试剂与仪器】

葡萄糖酸钙(s)，$ZnSO_4 \cdot 7H_2O$(s)，乙醇(95%)，铬黑 T 指示剂，0.05 $mol \cdot L^{-1}$ EDTA 溶液，NH_3-NH_4Cl 缓冲溶液。

电子天平(0.01 g/分度)，分析天平(0.000 1 g/分度)，烧杯，水浴锅，蒸发皿，减压抽滤装置，电炉，酸式滴定管，量筒等。

【实验步骤】

1. 葡萄糖酸锌的合成

称取 $ZnSO_4 \cdot 7H_2O$ 3.0 g，放入 50 mL 烧杯中，加入 20 mL 蒸馏水，搅拌溶解后置于 90℃水浴中保温。另称取葡萄糖酸钙 4.5 g，在不断搅拌下，分次加入 $ZnSO_4$ 溶液中，加完后再在 90℃水浴中保温约 20 min，然后趁热抽滤除去 $CaSO_4$ 沉淀，滤液转移至蒸发皿中。将蒸发皿置于 90℃水浴上蒸发浓缩溶液至 5 mL 左右，再冷却至室温，加 15 mL95%乙醇(降低葡萄糖酸锌的溶解度)，不断搅拌，此时有胶状葡萄糖酸锌析出，充分搅拌后，静置，用倾泻法去除乙醇液。然后在胶状沉淀上再加 10 mL 95%乙醇，冷却，充分搅拌，胶状沉淀慢慢转换成晶体状，抽滤，得葡萄糖酸锌粗品。

在葡萄糖酸锌粗品中加入 5 mL 蒸馏水，加热(90℃)至溶解，趁热抽滤，滤液转移至烧杯中，冷却至室温，加 10 mL 95%乙醇，静置，让溶液充分结晶。

取 10 mL95%乙醇加入晶体中，抽滤，得精品，在 60℃烘干，称量。计算葡萄糖酸锌的产率。

2. 葡萄糖酸锌含量测定

在分析天平上称取 0.6 g 左右的样品于锥形瓶中，加 30 mL 蒸馏水加热溶解，加入 5 mL NH_3-NH_4Cl 缓冲溶液，再加入少量铬黑 T 指示剂，摇匀，用 0.05 mol·L^{-1} EDTA 标准溶液滴定至溶液由酒红色变至纯蓝色。平行测定 3 份，根据消耗的 EDTA 的量计算所合成样品中葡萄糖酸锌的含量。

【实验说明】

倾泻法操作：尽量将沉淀保留在烧杯底部，待溶液澄清后，只将澄清液倒出。通常用于所得沉淀的结晶颗粒较大或比重较大，静置后易沉降的固、液间的分离。

【思考题】

(1)可否用 $ZnCl_2$ 或 $ZnCO_3$ 为原料，与葡萄糖酸钙反应制备葡萄糖酸锌？说明理由。

(2)在葡萄糖酸锌的制备中，为什么必须在热水浴中进行？

(3)在沉淀和结晶葡萄糖酸锌时，都加入 95% 乙醇，其作用是什么？

实验 22　工业硫酸铜的提纯及 Fe(Ⅲ)的半定量分析

【实验目的】

(1)学习工业硫酸铜的提纯原理和方法。

(2)巩固溶解、过滤、蒸发、浓缩、结晶等基本实验操作。

(3)学习目视比色法检验产品中杂质含量(主要是铁的含量)，确定产品的纯度等级。

【实验原理】

工业硫酸铜中常含有不溶性杂质和可溶性 Fe^{2+}、Fe^{3+} 以及 Na^+ 等。不溶性杂质可通过常压过滤和减压过滤除去。可溶性 Fe^{2+}、Fe^{3+} 的除去方法是：将 Fe^{2+} 用 H_2O_2 氧化成 Fe^{3+}，然后通过调节溶液的 pH 使其在 3.5～4.0，使 Fe^{3+} 水解生成 $Fe(OH)_3$ 沉淀后，再过滤除去。有关反应方程式如下：

$$2Fe^{2+}+H_2O_2+2H^+=2Fe^{3+}+2H_2O$$

$$Fe^{3+}+3H_2O=Fe(OH)_3\downarrow+3H^+$$

Cu^{2+} 在 pH 大于 4.1 时水解，$Cu(OH)_2$ 开始析出，特别在加热的情况下，水解程度更大；而根据溶度积规则进行计算可知，Fe^{3+} 完全沉淀时的 pH 大于 3.3，因此控制溶液的 pH 在 3.5～4.0，既能除尽铁，又不降低产品的收率。

其他可溶性杂质因含量少，可以通过重结晶的方法除去。

根据物质的溶解度不同，特别是硫酸铜晶体的溶解度随温度的降低而显著减少，当热的硫酸铜饱和溶液冷却时，硫酸铜先结晶析出，而少量易溶性杂质由于尚未达到饱和，仍留在母液中，趁热过滤，就能将易溶性杂质分离。

硫酸铜的纯度检验是将提纯过的样品溶于蒸馏水中，加入过量的氨水使 Cu^{2+} 生成深蓝色的 $[Cu(NH_3)_4]^{2+}$，Fe^{3+} 形成 $Fe(OH)_3$ 沉淀。过滤后用 HCl 溶解 $Fe(OH)_3$，然后加 KSCN 溶液，Fe^{3+} 越多，血红色越深。

【试剂与仪器】

粗硫酸铜，H_2SO_4(3 mol·L^{-1})，H_2O_2(3%)，NaOH(2 mol·L^{-1})，氨水(6 mol·L^{-1}、2 mol·L^{-1})，HCl(2 mol·L^{-1})，KSCN(1 mol·L^{-1})等。

电子天平(0.01 g/分度)，烧杯，水浴锅，蒸发皿，减压抽滤装置，电炉，量筒，pH 试纸，滤纸，比色皿等。

【实验步骤】

1. 粗硫酸铜的提纯

称取 4 g 研细了的粗硫酸铜，置于 40 mL 烧杯中，加入 16 mL 蒸馏水，加热搅拌使其溶解。加 5 滴 3 mol·L^{-1} H_2SO_4 酸化，搅拌的同时滴加 2 mL 3% H_2O_2，使 Fe^{2+} 氧化为 Fe^{3+}。然后滴加 2 mol·L^{-1} NaOH 溶液，调节溶液的 pH≈4，再加热片刻，静置沉降，离心分离，将溶液转移至蒸发皿中。

用 3 mol·L^{-1} H_2SO_4 将滤液的 pH 调至 1～2，然后缓慢蒸发浓缩至液面出现一层晶膜，立即停止加热。

冷却至室温，晶体大量析出，抽滤至干。

烘干，称取产品的质量，计算产率。

2. 产品纯度的定性检验

称取 1 g 提纯后的硫酸铜晶体，放入小烧杯，用 100 mL 蒸馏水溶解，加 20 滴 3 mol·L^{-1} H_2SO_4 酸化，然后加入 2 mL 3% H_2O_2，煮沸片刻，使 Fe^{2+} 氧化为 Fe^{3+}。

待溶液冷却后，边搅拌边加入 6 mol·L^{-1} 氨水，直至生成的淡蓝色 $Cu_2(OH)_2SO_4$ 沉淀溶解，变成深蓝色 $[Cu(NH_3)_4]^{2+}$ 溶液为止。此时 Fe^{3+} 形成 $Fe(OH)_3$ 沉淀。

过滤，用 2 mol·L^{-1} 氨水洗涤直至将滤纸上的蓝色洗掉，弃去滤液。将 3 mL 热的 2 mol·L^{-1} HCl 溶液滴在滤纸上溶解 $Fe(OH)_3$ 沉淀。如果沉淀不能一次溶解，可将滤液加热再滴到滤纸上。最后将滤液转移至 25 mL 比色管中。

在滤液中加入 2 滴 1 mol·L^{-1} KSCN 溶液，观察血红色溶液的产生，血红色越深，说明 Fe^{3+} 越多。将血红色溶液与标准系列颜色对比，确定产品纯度的试剂等级。

【说明】

(1)过滤时，分清什么时候保存滤液，什么时候保留固体。

(2)结晶过滤时，不可用蒸馏水冲洗硫酸铜晶体，以免影响产率。

(3)蒸发结晶时，掌握蒸发的速度以及停止蒸发的时机。

【思考题】

(1)在沉淀去除 Fe^{3+} 时，溶液的 pH 为什么要控制在 3.5～4.0?

(2)蒸发浓缩时，剩余溶液过多或过少，对实验结果有何影响?

(3)如果产率过高，可能是什么原因引起的?

(4)实验过程中，哪些因素会导致产品纯度降低?

实验 23 磺基水杨酸合铁(Ⅲ)配合物的组成及稳定常数测定

【实验目的】

(1)了解分光光度法测定配合物的组成及其稳定常数的原理。

(2)理解等物质的量系列法的含义并掌握操作要领。

(3)学会作图法求最大吸光度以及数据的处理方法。

(4)体会光度法测定配合物稳定常数的影响因素。

(5)学习溶液的配制、移液管、容量瓶和可见光分光光度计的使用。

【实验原理】

1. 磺基水杨酸与 Fe^{3+} 形成的配合物

溶液中,磺基水杨酸{$C_7H_6O_6S \cdot 2H_2O$,简写为 H_3R}中的酸根离子与 Fe^{3+} 可以形成稳定的配合物,因溶液 pH 不同,形成配合物的颜色和组成也不同。磺基水杨酸溶液是无色的,Fe^{3+} 浓度很稀时也是无色的,它们在 pH 2~3 时,生成紫红色的配合物;在 pH 4~9 时,生成红色配合物;pH 9~11.5 时,生成黄色配合物;pH>12 时,生成 $Fe(OH)_3$ 沉淀。本实验通过加入一定量的 $HClO_4$ 溶液控制溶液的 pH,测定 pH 2~3 时所形成的紫红色磺基水杨酸合铁(Ⅲ)配离子的组成及稳定常数。

2. 测定原理

测定配合物组成及稳定常数的方法很多,其中分光光度法是常用的方法之一。其基本原理如下:

当一束波长一定的单色光通过有色溶液时,光的一部分被溶液吸收,一部分通过溶液。通常用 2 种方法描述吸收与透过的情况。

一种是用透射比来表示,即透过光的强度 I_t 与入射光的强度 I_0 之比:

$$T = \frac{I_t}{I_0}$$

另一种是用吸光度 A 表示,它是取透射比的负对数,即:

$$A = -\lg T = \lg \frac{I_0}{I_t}$$

实验证明:有色溶液对光的吸光度 A 与溶液的浓度 c 和光穿过的液层厚度 b 的乘积成正比,当液层厚度不变时,吸光度只与溶液浓度成正比,这一规律称为朗伯-比尔定律。

$$A = \varepsilon bc$$

式中 ε 称为摩尔吸收系数,单位为 $L \cdot mol^{-1} \cdot cm^{-1}$。本实验中只有磺基水杨酸合铁(Ⅲ)配离子是有色的,因此溶液的吸光度 A 与其浓度 c 成正比。通过对溶液吸光度的测定,可以求出该配离子的浓度,进而确定其组成和稳定常数。

3. 等物质的量系列法

取物质的量浓度相等的金属离子溶液(含有金属离子 M)和配位体溶液(含有配体 L),按照不同的体积比配成一系列溶液，使 M 与 L 的总浓度（$mol \cdot L^{-1}$）保持一定，而 M 与 L 的摩尔分数做系列改变，在一定波长的单色光中分别测定各溶液的吸光度。在这一系列溶液中，有一些溶液中的金属离子是过量的，而另一些溶液中配体是过量的。在这 2 部分溶液中，配离子的浓度都不可能达到最大值，只有当 M 与 L 恰好全部形成配离子时（不考虑配离子的解离），ML_n 的浓度为最大，吸光度也最大。以有色溶液吸光度值 A 为纵坐标，配体体积分数（摩尔分数）为横坐标作图，得到的曲线出现一个峰，将曲线两边的直线部分延长相交于 B 点，B 点对应的吸光度 A_0 最大，由 B 点对应的摩尔分数值 D 点可计算配离子中金属离子与配位体之比，即可求得配离子 ML_n 中配位体的数目 n，如图 6-23-1 所示。

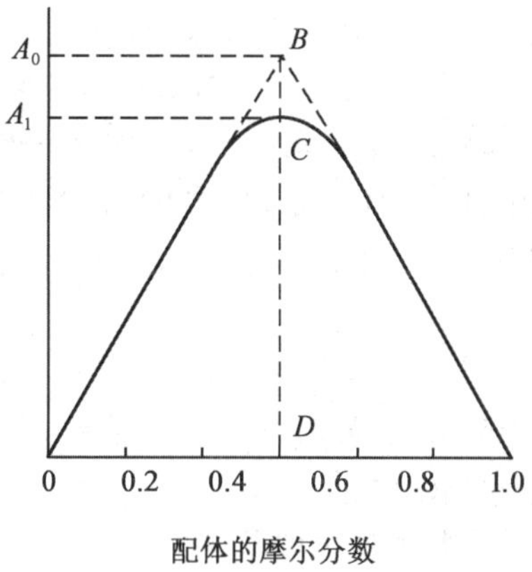

图 6-23-1　溶液的吸光度曲线

在 D 点：$配体摩尔分数=\dfrac{配体物质的量}{总物质的量}=0.5$

$$中心离子摩尔分数=\frac{中心离子物质的量}{总物质的量}=0.5 \quad n=\frac{配体摩尔分数}{中心离子摩尔分数}=1$$

可知配合物的组成为 ML。

由于配离子（或配合物）有一部分解离，则其浓度比未解离时的要小，C 点处是实际测得的最大吸光度 A_1，则配合物 ML 的解离度为

$$\alpha=(A_0-A_1)/A_0$$

对于 1∶1 的配合物 ML 的稳定常数 K_f 与解离度的关系如下：

$$M(aq) + L(aq) = ML(aq)$$

平衡浓度/（$mol \cdot L^{-1}$）　　$c_0\alpha$　　$c_0\alpha$　　$c_0-c_0\alpha$

$$K_f=\frac{\dfrac{c^{eq}_{ML}}{c^{\ominus}}}{\left(\dfrac{c^{eq}_{M}}{c^{\ominus}}\right)\left(\dfrac{c^{eq}_{L}}{c^{\ominus}}\right)}=\frac{1-\alpha}{c_0\alpha^2} \qquad (1)$$

式中 c_0 表示 B 点所对应的配离子的起始浓度。

本实验是用 $HClO_4$ 控制溶液的 pH ＝ 2～3，而且 ClO_4^- 不易与金属离子发生配位反应，既调节了离子强度又避免了其他阴离子的干扰。按照公式（1）计算出的稳定常数又称为表观稳定常数，没有考虑溶液中 Fe^{3+} 的水解和磺基水杨酸的解离平衡，故与实际 K_f 值有差别。若考虑酸效应，则 $\lg K_f' = \lg K_f + \lg\alpha$，当溶液 pH=2.0 时，$\lg\alpha = 10.3$。

【试剂与仪器】

$HClO_4$（0.01 mol·L^{-1}），磺基水杨酸（0.010 0 mol·L^{-1}），Fe^{3+}（0.010 0 mol·L^{-1}）。

烧杯(50 mL，500 mL)，滴管，容量瓶(100 mL)，移液管(10 mL)，吸量管(10 mL)，洗耳球，玻璃棒，滤纸片，分光光度计。

【实验步骤】

1. 溶液的配制

(1)配制 0.001 00 mol·L^{-1} Fe^{3+} 溶液　用移液管量取 10.00 mL 0.0100 mol·L^{-1} Fe^{3+} 溶液，注入 100 mL 容量瓶中，用 0.01 mol·L^{-1} $HClO_4$ 溶液稀释至刻度，摇匀，备用。

(2)配制 0.001 00 mol·L^{-1} 磺基水杨酸溶液　用移液管量取 10.00 mL 0.010 0 mol·L^{-1} H_3R 溶液，注入 100 mL 容量瓶中，用 0.01 mol·L^{-1} $HClO_4$ 溶液稀释至刻度，摇匀，备用。

(3)用移液管或吸量管按表 6-23-1 的体积量取各溶液，分别注入已编号的干燥小烧杯中，搅拌均匀。

2. 吸光度的测定

选测定波长为 500 nm，以 1 号或 11 号溶液为参比溶液，分别测定各待测溶液的吸光度，并记录之。

3. 配离子(或配合物)的组成和稳定常数的计算

以系列溶液的吸光度 A 为纵坐标，磺基水杨酸的摩尔分数为横坐标作图，从图中找到最大吸收峰对应的吸光度 A_1，曲线两侧直线部分延长线的交点 B 对应的吸光度 A_0，求配合物的组成、解离度 α 和表观稳定常数 K_f。

【实验数据处理及讨论】

将实验数据填入表 6-23-1。

表 6-23-1　系列配离子溶液的配制和吸光度的测定　　室温 t=____℃

溶液编号	0.01 mol·L^{-1} $HClO_4$ V_1/mL	0.001 00 mol·L^{-1} Fe^{3+} V_2/mL	0.001 00 mol·L^{-1} H_3R V_3/mL	H_3R 的摩尔分数	吸光度 A	n 与 K_f
1	10.00	10.00	0.00			
2	10.00	9.00	1.00			
3	10.00	8.00	2.00			
4	10.00	7.00	3.00			
5	10.00	6.00	4.00			
6	10.00	5.00	5.00			
7	10.00	4.00	6.00			
8	10.00	3.00	7.00			
9	10.00	2.00	8.00			
10	10.00	1.00	9.00			
11	10.00	0.00	10.00			

【实验说明】

(1)溶液配好之后,必须静置 30 min 才能进行测定。

(2)由于溶液温度、酸度和浓度的影响,测定的结果与理论值之间存在着差异。

(3)高氯酸是无机强酸之一,是一种强氧化剂。与有机物、还原剂、易燃物等接触或混合时有引起燃烧爆炸的危险。在室温下分解,具强腐蚀性、强刺激性,可致人体灼伤,使用时要小心。如果不慎接触立即用大量流动清水冲洗至少 15 min。

【思考题】

(1)本实验中加入 $HClO_4$ 的目的是什么?

(2)用等物质的量系列法测定配合物组成时,什么情况下配离子的浓度为最大?

(3)本实验中影响稳定常数测定的因素有哪些?

(4)使用分光光度计有哪些注意事项?

实验 24 碘钟振荡实验探究

【实验目的】

(1)加深氧化还原反应的理解。

(2)了解“别罗索夫—柴波廷斯基”反应。

【实验原理】

通常的化学反应,反应物和产物的浓度单调地变化,最终达到平衡状态。有一类反应,由于某些自催化作用,体系中的各组分的浓度随时间发生周期性的变化,忽高忽低,使得反应很难达到平衡状态,而呈现出周期性的波动,这种现象即为化学振荡现象。实际上化学振荡是机理非常复杂的化学过程,最早的振荡反应是“别罗索夫—柴波廷斯基”反应,简称为 B-Z 振荡反应。反应体系中有 KIO_3、$CH_2(COOH)_2$、可溶性淀粉、$MnSO_4$、H_2O_2(30%)和 H_2SO_4,在酸性介质下,H_2O_2 将 KIO_3 还原为 I^-,当溶液中 I^- 的浓度足够大时,I^- 将 IO_3^- 还原为游离的 I_2,I_2 遇淀粉变蓝;生成的 I_2 与过量的 H_2O_2 作用,使溶液颜色退色,同时溶液中丙二酸与单质碘也可以发生反应,生成无色的碘代丙二酸。溶液中 I^- 的生成,促进了具有自催化作用的 HIO_2 浓度增加,有利于生成 HIO,使 Mn^{2+} 氧化成 Mn^{3+},当溶液中三价锰离子与二价锰离子达到一定浓度比时溶液为琥珀色,随着 Mn^{3+} 浓度增加,其与碘代丙二酸作用使 I^- 再生,Mn^{3+} 被还原为 Mn^{2+},I^- 对 H_2O_2 与 HIO_3 的反应有阻化作用,过量的 I^- 则被 IO_3^- 氧化,生成单质 I_2,从而进入新的周期。溶液的颜色就在琥珀色与蓝色之间振荡,如果不断地补充反应物,振荡将持续下去。

发生如下的反应:

$$2KIO_3+5H_2O_2+H_2SO_4 = I_2+K_2SO_4+6H_2O+5O_2\uparrow$$

$$I_2+5H_2O_2+K_2SO_4 = 2KIO_3+4H_2O+H_2SO_4$$

$$I_2+CH_2(COOH)_2 \rightarrow CHI(COOH)_2+I^-+H^+$$

$$I_2+CHI(COOH)_2 \rightarrow CI_2(COOH)_2+I^-+H^+$$

$$2HIO_2 = HIO+H^++IO_3^-$$

$$HIO + Mn^{2+} + H^{+} = 1/2I_2 + Mn^{3+} + H_2O$$

$$4Mn^{3+} + ICH(COOH)_2 + 2H_2O = I^{-} + 4Mn^{2+} + HCOOH + 2CO_2\uparrow + 5H^{+}$$

$$I^{-} + I_2 = I_3^{-}$$

【试剂与仪器】

KIO_3(AR,s),$CH_2(COOH)_2$(AR,s),可溶性淀粉(s),$MnSO_4$(AR,s),H_2SO_4(3 mol·L^{-1}),H_2O_2(30%)。

电子天平(0.01 g/分度)、烧杯(100 mL,250 mL),量筒(10 mL,100 mL),

【实验步骤】

(1)在室温下量取 50 mL A 溶液至 250 mL 洁净的烧杯中,搅拌下加入 50 mL B 溶液和 50 mL C 溶液,用玻璃棒略搅拌后静置。观察溶液由无色变成琥珀色再变成蓝色,如此往复的周期性变化直至溶液颜色不再变化为止。

A 液:102.5 mL 30%的 H_2O_2 溶液稀释至 250 mL;

B 液:10.7 g KIO_3 加 10 mL 3 mol·L^{-1} 的 H_2SO_4,稀释至 250 mL ;

C 液:称取 0.075 g 淀粉,用少量水调成糊状,然后倒入 50 mL 的沸水中并加 3.9 g 丙二酸和 0.845 g 硫酸锰,待晶体溶解后稀释至 250 mL 。

(2)碘钟反应的温度效应　按上述的方法观察溶液在 40℃水浴中的反应现象。

【实验说明】

(1)温度对化学反应速率有较大影响,溶液的温度一般要控制在 25℃左右实验效果较好。

(2)A、B、C 3 种溶液混合时尽量同时倒入烧杯中,而且加入的体积相同。

【思考题】

(1)振荡反应的实质是什么?溶液的颜色为什么不能无限地成周期性变化下去?

(2)变色溶液,最后应是什么颜色?为什么?

(3)丙二酸与硫酸锰在反应中是重要的试剂,如果改变 C 溶液的成分,或不加丙二酸或不加硫酸锰,重复以上实验,会产生什么现象?

实验 25　果蔬中维生素 C 的定性鉴定

【实验目的】

(1)了解维生素 C 的化学性质。

(2)自行设计简单实验比较果蔬中的维生素 C 含量的多少。

(3)总结生活中维生素 C 与温度的关系。

【实验原理】

维生素 C(Vitamin C)又称为抗坏血酸(Ascorbic Acid),是一种水溶性维生素,为白色结晶性粉末,无臭、味酸;易溶于水,略溶于乙醇;是强还原剂,能被空气氧化。在所有的维生素中,维生素 C 是最不稳定的,其水溶液能很快氧化成脱氢抗坏血酸,在加热的时候,尤其是在中性或碱性溶液中极易变质。在加工和储藏过程中很容易被破坏,尤其是铜和铁对其作用最大。

维生素 C 广泛存在于自然界中，主要是在植物中存在，如水果蔬菜。在柑橘类、番茄辣椒马铃薯及浆果中含量较为丰富。它存在于一切生活组织中，被人体小肠上段吸收，可以分布到体内所有的水溶性结构中，是细胞代谢中重要的氧化还原化合物是，也是人体维持生命不可缺少的物质之一，参加体内的氧化还原过程。它还可促进人体的生长发育，增强人体对疾病的抵抗力，促进细胞间质中胶原的形成。

【试剂与仪器】

$FeCl_3$(0.1 mol·L^{-1})，KSCN(0.1 mol·L^{-1})，碘-淀粉溶液，维生素药片。

烧杯(100 mL)，细纱布，研钵，剪刀，试管，pH 试纸。

【实验步骤】

1. 维生素 C 的性质

(1)取 1 片维生素 C 的药片放于 100 mL 烧杯中，加入 20 mL 水溶解，待用。

(2)维生素 C 的酸碱性：取维生素 C 待用液 1 mL，用 pH 试纸测量溶液的 pH。

(3)维生素 C 的还原性：取维生素 C 待用液 1 mL，滴加 0.1 mol·L^{-1} $FeCl_3$ 溶液 3 滴，振荡，再滴加 0.1 mol·L^{-1} KSCN 溶液 1 滴，观察现象。

取 1 支试管，加入 1 mL 蒸馏水，在蒸馏水中滴加 0.1 mol·L^{-1} $FeCl_3$ 溶液 3 滴。振荡，再滴加 0.1 mol·L^{-1} KSCN 溶液 1 滴，观察现象。

根据维生素 C 的性质，想一想如何检验蔬菜中是否含有维生素 C。

2. 自行设计实验对果蔬中维生素 C 含量进行定性测定

例如：取 2 种水果或蔬菜各 10 g，加入 10 mL 水，用研钵研碎，用细纱布挤出汁液，待用。取 2 支试管，各滴加 2 滴碘-淀粉溶液，再分别滴加新鲜制备的两种汁液，观察现象，记录滴加的数量，估算哪种水果或哪种蔬菜中维生素 C 含量高。再取 6 支试管，各滴加 2 滴碘-淀粉溶液，分别滴加放置了 5 min、20 min 和 40 min 的水果或蔬菜汁液，观察现象并记录滴加的数量。

将果汁或蔬菜汁加热，重复上述操作，观察现象。

在上述果汁或蔬菜汁中加入 NaOH 溶液重复上述操作，观察现象。

【思考题】

(1)维生素 C 溶液易氧化，在实验操作中应注意什么？

(2)如何保存维生素 C？

(3)通过实验的比较，对果蔬中的维生素 C 有何认识？

实验 26　植物、土壤中某些元素的定性分析

【实验目的】

(1)增加学生对探索大自然的兴趣。

(2)学习从植物、土壤中分离和鉴定化学元素的方法。

【实验原理】

植物中大量含有的元素是 C、H、O、N 4 种。必需的微量元素中，含量较高的依次是 Fe、

Zn、Mg、Ca、Cu、K，个别植物可能某种元素的含量会特别高。植物生长主要靠土壤提供养分，所以可以从植物的汁液或植物、土壤的浸泡液中分离和鉴定化学元素。

【试剂与仪器】

HCl(2 mol·L^{-1})，$NH_3·H_2O$(2 mol·L^{-1})，NaOH(2 mol·L^{-1})，H_2SO_4(2 mol·L^{-1})，$NaHCO_3$(0.5 mol·L^{-1})，NaCl(10%)，EDTA(3%)，HCHO 溶液，$Na(C_6H_5)_4B$(3%)，$(NH_4)_2C_2O_4$(饱和)，KSCN(0.1 mol·L^{-1})，$K_4[Fe(CN)_6]$(0.1 mol·L^{-1})，钼酸铵试剂，$SnCl_2$(0.5 mol·L^{-1})，HNO_3(浓)，奈氏试剂，镁试剂，酒石酸氢钠(10%)，茜素 S，pH 试纸。

电热板，研钵，离心机，点滴板。

【实验步骤】

1. 植物材料中某些元素的鉴定

选取 4～5 种不同种类的植物，植物体吸收各种元素，在体内随蒸腾作用输送到各器官，在根、茎、叶和种子中分布不均匀，因而选取叶绿素少、疏导组织发达的主要功能部位为原料，混合，用研钵研碎后，挤取汁液。也可以将植物材料作灰化处理，再用研钵研细，然后用 2 mol·L^{-1} HCl 浸泡。

汁液或浸泡液按以下步骤进行某些元素鉴定：

(1)Ca^{2+}、Mg^{2+}、Al^{3+}、Fe^{3+}的鉴定　取一部分浸泡液于离心管中，逐滴滴加 2 mol·L^{-1} $NH_3·H_2O$，调节 pH 至 7～8，有沉淀生成。离心分离，将上层清液倒入另一支离心管中，分别对上层清液和沉淀进行分析测定。

将上清液分成 2 份，分别加入饱和草酸铵和镁试剂鉴定 Ca^{2+} 和 Mg^{2+}。

在沉淀中加入过量的 2 mol·L^{-1}NaOH 溶液，离心分离，将上层清液倒入另一支离心管中，分别对上层清液和沉淀进行分析测定。在上清液中加入几滴茜素 S，再加 2 mol·L^{-1} H_2SO_4 溶液中和至溶液由紫变红，再滴加浓氨水，根据实验现象鉴定 Al^{3+}。在沉淀中滴加 KSCN 或 $K_4[Fe(CN)_6]$鉴定 Fe^{3+}。

(2)P 的鉴定　取 1 滴浸泡液于点滴板上，加 1 滴钼酸铵溶液，根据是否有黄色沉淀生成鉴定 PO_4^{3-}。再加 1 滴 $SnCl_2$ 溶液出现蓝色(钼蓝)。

用植物灰测磷时，用浓硝酸浸泡，使磷溶解，取清液鉴定。

2. 土壤中某些元素的鉴定

(1)铵态氮和磷的鉴定　取 3 g 土壤，加入 10 mL 0.5 mol·L^{-1} $NaHCO_3$，搅拌 2 min，离心分离，得土壤浸泡液。在离心管中加 5 滴土壤浸泡液，再加 1 滴酒石酸氢钠溶液(消除 Fe^{3+} 干扰)，用奈氏试剂鉴定 NH_4^+。在另一支离心管中加 5 滴土壤浸泡液，再加 1 滴 2 mol·L^{-1} H_2SO_4 溶液，然后加 1 滴钼酸铵溶液，摇匀，最后加 1 滴 $SnCl_2$ 溶液，根据是否出现"钼蓝"鉴定 P。

(2)K^+的鉴定　取 3 g 土壤，加 2 mL 10% NaCl 溶液，搅拌 2 min，离心分离，得土壤浸泡液。在离心管中加 5 滴土壤浸泡液，再加 1 滴 EDTA-HCHO 溶液，摇匀，再加 1 滴 3% $Na(C_6H_5)_4B$，根据是否出现白色沉淀鉴定 K^+。

【思考题】

试从不同元素与特殊试剂的专一性反应，能够产生一定形状的晶体和颜色角度，借助显微镜，设计定性鉴定某些元素的实验方案。

实验27 磁性纳米材料 Fe_3O_4 的制备与性质

【实验目的】

(1)了解共沉淀法制备磁性纳米材料 Fe_3O_4 的原理和方法。

(2)了解纳米 Fe_3O_4 的超顺磁性性质。

(3)掌握无机制备中部分操作。

【实验原理】

纳米技术是当今世界最具前途的技术之一。纳米材料具有独特的表面效应、量子尺寸效应、小尺寸效应及宏观量子隧道效应，使得材料的电学、力学、磁学、光学等性能产生惊人的变化。相比于块状 Fe_3O_4，Fe_3O_4 纳米粒子在作为磁记录材料、磁流体基本材料、催化剂和磁性颜料等方面显示出很多特殊的功能。

Fe_3O_4 纳米粒子的制备方法主要有两类：一类是物理法，如高能机械球磨法；另一类是化学法，如溶胶-凝胶法、水热(溶剂热)合成法、微乳液法、热分解法和共沉淀法等。

本实验采用共沉淀法制备 Fe_3O_4 纳米粒子，因其对设备要求较简单、原料易得且价廉、反应条件温和可控等优点。实验分成两部分：Fe_3O_4 纳米粒子的制备以及表面活性剂辅助下在水中分散。将 $FeCl_2$ 和 $FeCl_3$ 溶液按一定比例混合，搅拌下再将一定浓度的氨水加至混合液中，反应一段时间，即可得到 Fe_3O_4 纳米粒子。反应如下：

$$2FeCl_3 + FeCl_2 + 8NH_3 \cdot H_2O = Fe_3O_4 + 8NH_4Cl + 4H_2O$$

本实验使用的表面活性剂是四甲基氢氧化铵[$N(CH_3)_4OH$]。OH^- 与 Fe 作用吸附在纳米粒子表面，形成一层电负性的离子膜。$N(CH_3)_4^+$ 则与纳米颗粒的外层负膜结合作用，所以整个纳米粒子外圈形成一层有机膜，通过静电和较小的位阻使得纳米粒子分散在溶液中而不凝聚。

【试剂与仪器】

$FeCl_2$(2 mol·L^{-1})，$FeCl_3$(1 mol·L^{-1})，氨水(0.7 mol·L^{-1})，四甲基氢氧化铵溶液(25%)。

圆底烧瓶，滴定管(50 mL)，磁力搅拌装置，强磁铁，烧杯，自封塑料袋。

【实验步骤】

在圆底烧瓶中加入 1.5 mL 2 mol·L^{-1} $FeCl_2$ 溶液和 4.0 mL 1 mol·L^{-1} $FeCl_3$ 溶液，恒温下磁力搅拌。再用滴定管慢慢地往烧瓶里滴加 50 mL 0.7 mol·L^{-1} 氨水(滴定速度开始控制在 100 滴/min，之后慢慢加快)，黑色沉淀生成。滴定管中所有氨水滴加完后，继续搅拌 10 min。

关闭磁力搅拌，用强磁铁将磁子顺着烧瓶壁吸出，磁子快到烧瓶口(未与磁铁接触前)时，戴手套，将磁子取出。将烧瓶中溶液静置，分层。借助强磁铁的作用，用倾泻法弃去上层清液，然后将所得沉淀用洗瓶冲洗转移至烧杯中。再借助强磁铁的作用，用蒸馏水将得到的沉淀洗涤3次。

将沉淀转移至小的带封口锁的塑料袋中，控出水分后，往沉淀中加入2.0 mL 25%四甲基氢氧化铵溶液，玻璃棒搅拌5min，使沉淀分散在溶液中。之后借助强磁铁的作用，除去溶液，制得铁磁流体。

在袋子外边放置1块强磁铁，观察实验现象。若现象不明显，可往铁磁流体中滴加1滴蒸馏水，再观察。

【说明】

(1)制备得到的纳米颗粒如果接触到皮肤，马上用水冲洗干净。

(2)制备得到的纳米颗粒不可与磁铁直接接触。

(3)若使制得的纳米颗粒分散性好，颗粒的粒径最好小于10 nm。制备过程中，氨水的滴加速度不可过快。

【思考题】

(1)反应中加入的Fe^{2+}和Fe^{3+}的物质的量比不是1∶1，为什么？

(2)反应中加入的四甲基氢氧化铵溶液起到什么作用？

实验28　由废易拉罐制备有净水作用的明矾

【实验目的】

(1)了解绿色化学理念，学习变废为宝，合理回收利用废易拉罐。

(2)了解明矾的制备方法。

(3)巩固溶解、过滤、结晶以及沉淀的转移、洗涤等普通化学实验中常用的操作。

【实验原理】

绿色化学，是指减少或消除危险物质的使用及产生的化学品和过程的设计。实验过程中应遵循绿色化学实验的5个"R"原则：减量使用原料，减少实验废弃物的产生和排放；循环使用、重复使用；回收，实现资源的回收利用，从而实现"省资源、少污染、减成本"；再生，变废为宝，资源和能源再利用，是减少污染的有效途径；拒用有毒有害品。

明矾，十二水合硫酸铝钾，又称：白矾、钾矾、钾铝矾、钾明矾。有抗菌、收敛等作用，可用做中药。在我们的生活中常用于净水、做食用膨胀剂等。

废易拉罐的主要成分是铝，硅以及少量的锰。

铝是一种两性元素，既可与酸反应，也可与强碱反应。将其溶于浓氢氧化钾溶液，生成可溶性的四羟基合铝酸钾($K[Al(OH)_4]$)，再用稀H_2SO_4调节pH，使其转化为氢氧化铝$Al(OH)_3$。$Al(OH)_3$可溶于硫酸，生成硫酸铝。硫酸铝能与碱金属硫酸盐，如硫酸钾在水溶液中结合生成在水中溶解度较小的同晶复盐，称为明矾[$KAl(SO_4)_2 \cdot 12H_2O$]。冷却溶液时，明矾结晶出来。制备反应如下：

$$2Al + 2KOH + 6H_2O = 2K[Al(OH)_4] + 3H_2\uparrow$$

$$2K[Al(OH)_4] + H_2SO_4 = 2Al(OH)_3\downarrow + K_2SO_4 + 2H_2O$$

$$2Al(OH)_3 + 3H_2SO_4 = Al_2(SO_4)_3 + 6H_2O$$

$$Al_2(SO_4)_3 + K_2SO_4 + 24H_2O = 2KAl(SO_4)_2 \cdot 12H_2O$$

利用 $Al_2(SO_4)_3$、K_2SO_4、$KAl(SO_4)_2$ 在水中的溶解度差异进行分离，用无水乙醇进行溶剂置换可使明矾结晶出来。

【仪器与试剂】

H_2SO_4（3 mol·L^{-1}，9 mol·L^{-1}），K_2SO_4(s)，KOH(s)，pH 试纸，无水乙醇，废易拉罐。

水浴锅，烧杯，量筒，玻璃棒，漏斗（常压过滤装置），滤纸，布氏漏斗（减压过滤装置），表面皿，蒸发皿，电子天平（0.01 g/分度），剪刀。

【实验步骤】

称取 1.0 g 剪碎的废易拉罐铝片。

在烧杯中配制 40 mL 2 mol·L^{-1} KOH 溶液，将溶液置于 70℃水浴中加热，然后将废易拉罐铝片分次加入 KOH 溶液中，不断搅拌直至无气体产生。反应完毕后，趁热用普通漏斗过滤。

在所得滤液中逐滴加入 3 mol·L^{-1} H_2SO_4 溶液，调节溶液 pH 至 7～8，此时溶液中生成大量的 $Al(OH)_3$ 白色沉淀，用布氏漏斗减压抽滤，并用蒸馏水洗涤。

取洗涤后的 $Al(OH)_3$ 沉淀置于蒸发皿中，加入 8 mL 9 mol·L^{-1} H_2SO_4 溶液，在水浴锅上加热溶解（70℃），再加入 3.2 g K_2SO_4，继续加热溶解。

溶解后的溶液自然冷却至室温，再加入 5 mL 无水乙醇，结晶完全后，减压抽滤。用 5 mL 1∶1 的水-乙醇洗涤晶体 2 次。

用滤纸将晶体吸干，称重并计算产率。

【思考题】

(1)计算 1.0 g 纯铝能生成多少克硫酸铝？这些硫酸铝需要与多少克硫酸钾反应？

(2)废易拉罐中的 Si 与 Mn 杂质元素是怎么去除的？

附 录

附录 1 相对原子质量

(1985 年)

元素		相对原子质量	元素		相对原子质量	元素		相对原子质量	元素		相对原子质量
符号	名称		符号	名称		符号	名称		符号	名称	
Ac	锕	[227]	Er	铒	167.26	Mn	锰	54.938 05	Ru	钌	101.07
Ag	银	107.868 2	Es	锿	[254]	Mo	钼	95.94	S	硫	32.066
Al	铝	26.981 54	Eu	铕	151.965	N	氮	14.006 74	Sb	锑	121.75
Am	镅	[243]	F	氟	18.998 40	Na	钠	22.989 77	Sc	钪	44.955 91
Ar	氩	39.948	Fe	铁	55.847	Nb	铌	92.906 38	Se	硒	78.96
As	砷	74.921 59	Fm	镄	[257]	Nd	钕	144.24	Si	硅	28.085 5
At	砹	[210]	Fr	钫	[223]	Ne	氖	20.179 7	Sm	钐	150.36
Au	金	196.966 54	Ga	镓	69.723	Ni	镍	58.69	Sn	锡	118.710
B	硼	10.811	Gd	钆	157.25	No	锘	[254]	Sr	锶	87.62
Ba	钡	137.327	Ge	锗	72.61	Np	镎	237.048 2	Ta	钽	180.947 9
Be	铍	9.012 18	H	氢	1.007 94	O	氧	15.999 4	Tb	铽	158.925 34
Bi	铋	208.980 37	He	氦	4.002 60	Os	锇	190.2	Tc	锝	98.906 2
Bk	锫	[247]	Hf	铪	178.49	P	磷	30.973 76	Te	碲	127.60
Br	溴	79.904	Hg	汞	200.59	Pa	镤	231.035 88	Th	钍	232.038 1
C	碳	12.011	Ho	钬	164.930 32	Pb	铅	207.2	Ti	钛	47.88
Ca	钙	40.078	I	碘	126.904 47	Pd	钯	106.42	Tl	铊	204.383 3
Cd	镉	112.411	In	铟	114.82	Pm	钷	[145]	Tm	铥	168.934 21
Ce	铈	140.115	Ir	铱	192.22	Po	钋	[~210]	U	铀	238.028 9
Cf	锎	[251]	K	钾	39.098 3	Pr	镨	140.907 65	V	钒	50.941 5
Cl	氯	35.452 7	Kr	氪	83.80	Pt	铂	195.08	W	钨	183.85
Cm	锔	[247]	La	镧	138.905 5	Pu	钚	[244]	Xe	氙	131.29
Co	钴	58.933 20	Li	锂	6.941	Ra	镭	226.025 4	Y	钇	88.905 85
Cr	铬	51.996 1	Lr	铹	[257]	Rb	铷	85.467 8	Yb	镱	173.04
Cs	铯	132.905 43	Lu	镥	174.967	Re	铼	186.207	Zn	锌	65.39
Cu	铜	63.546	Md	钔	[256]	Rh	铑	102.905 50	Zr	锆	91.224
Dy	镝	162.50	Mg	镁	24.305 0	Rn	氡	[222]			

附录 2　常见化合物摩尔质量

$g \cdot mol^{-1}$

Ag_3AsO_4	462.53	$CdCO_3$	172.41	HCl	36.46
$AgBr$	187.78	$CdCl_2$	183.33	H_2CO_3	62.03
$AgCl$	143.32	CdS	144.47	$H_2C_2O_4 \cdot 2H_2O$	126.07
$AgCN$	133.89	$Ce(SO_4)_2$	332.24	HF	20.01
Ag_2CrO_4	331.73	$CoCl_2$	129.84	HI	127.91
AgI	234.77	CoS	90.99	HIO_3	175.61
$AgNO_3$	169.87	$CoSO_4$	154.99	HNO_3	63.02
$AgSCN$	165.95	$CrCl_3$	158.36	H_2O	18.02
$AlCl_3$	133.33	Cr_2O_3	151.99	H_2O_2	34.02
Al_2O_3	101.96	$CuCl$	99.00	H_3PO_4	97.99
$Al(OH)_3$	78.00	$CuCl_2$	134.45	H_2S	34.08
$Al_2(SO_4)_3$	342.17	CuI	190.45	H_2SO_4	98.09
As_2O_3	197.84	CuO	79.55	$HgCl_2$	271.50
As_2O_5	229.84	Cu_2O	143.09	Hg_2Cl_2	472.09
As_2S_3	246.05	CuS	95.62	HgI_2	454.40
$BaCO_3$	197.31	$CuSO_4$	159.62	HgO	216.59
BaC_2O_4	225.32	$CO(NH_2)_2$	60.05	HgS	232.65
$BaCl_2$	208.25	CO_2	44.01	$HgSO_4$	296.67
$BaCl_2 \cdot 2H_2O$	244.37	$FeCl_3$	162.21	KBr	119.00
$BaCrO_4$	253.32	FeO	71.85	$KBrO_3$	167.00
$Ba(OH)_2$	171.35	Fe_2O_3	159.69	KCl	74.55
$BaSO_4$	233.37	$Fe(OH)_3$	106.88	K_2CO_3	138.21
$CaCl_2$	110.99	$FeSO_4 \cdot 7H_2O$	278.01	KCN	65.12
$CaCO_3$	100.09	$NH_4Fe(SO_4)_2 \cdot 12H_2O$	482.2	K_2CrO_4	194.19
CaC_2O_4	128.10	$FeSO_4 \cdot (NH_4)_2SO_4 \cdot 6H_2O$	392.14	$K_2Cr_2O_7$	294.18
CaO	56.08	H_3AsO_3	125.94	$KHC_2O_4 \cdot H_2C_2O_4 \cdot 2H_2O$	254.19
$Ca(OH)_2$	74.10	H_3AsO_4	141.94	KI	166.00
$Ca_3(PO_4)_2$	310.18	H_3BO_3	61.83	$KHC_8H_4O_4$(KHP)	204.22
$CaSO_4$	136.14	CH_3COOH	60.05	KIO_3	214.00

续附录 2

$KMnO_4$	158.03	NH_3	17.03
KNO_3	101.10	NH_4Cl	53.49
K_2O	94.20	$(NH_4)_2CO_3$	96.09
KOH	56.11	$(NH_4)_2C_2O_4$	124.10
K_2SO_4	174.27	NH_4HCO_3	79.06
$MgCO_3$	84.32	$(NH_4)_2MoO_4$	196.01
$MgCl_2$	95.22	NH_4NO_3	80.04
MgC_2O_4	112.33	$(NH_4)_2HPO_4$	132.06
$MgNH_4PO_4$	137.32	$(NH_4)_2SO_4$	132.15
MgO	40.31	NH_4VO_3	116.98
$Mg(OH)_2$	58.33	$NiCl_2 \cdot 6H_2O$	237.69
$Mg_2P_2O_7$	222.55	$NiSO_4 \cdot 7H_2O$	280.87
$MgSO_4 \cdot 7H_2O$	246.49	P_2O_5	141.91
$MnCO_3$	114.95	$PbCl_2$	278.10
$MnCl_2 \cdot 4H_2O$	197.91	$PbCO_3$	267.21
MnO_2	86.94	$Pb_3(PO_4)_2$	811.54
MnS	87.01	$PbSO_4$	303.27
$MnSO_4 \cdot 4H_2O$	223.06	SO_2	64.07
Na_2CO_3	105.99	SiF_4	104.08
$Na_2C_2O_4$	134.00	SiO_2	60.08
$CH_3COONa(NaAc)$	82.03	$SnCl_2$	189.60
$NaCl$	58.44	$SnCl_4$	260.50
$NaHCO_3$	84.01	$SrCO_3$	147.63
$Na_2HPO_4 \cdot 12H_2O$	358.14	$SrCrO_4$	203.62
$Na_2H_2Y \cdot 2H_2O$	372.24	$SrSO_4$	183.68
$NaNO_3$	85.00	$ZnCO_3$	125.39
Na_2SO_4	142.05	$ZnCl_2$	136.29
$NaOH$	40.00	$ZnSO_4 \cdot 7H_2O$	287.57
$Na_2S_2O_3$	158.12	$ZnSO_4$	161.46
$Na_2B_4O_7 \cdot 10H_2O$	381.42		

附录 3 不同温度下水的饱和蒸汽压($\times10^2$ Pa,273.2～313.2K)

温度/K	0.0	0.2	0.4	0.6	0.8
273	—	6.105	6.195	6.286	6.379
274	6.473	6.567	6.663	6.759	6.858
275	6.958	7.058	7.159	7.262	7.366
276	7.473	7.579	7.687	7.797	7.907
277	8.019	8.134	8.249	8.365	8.483
278	8.603	8.723	8.846	8.970	9.095
279	9.222	9.350	9.481	9.611	9.745
280	9.881	10.017	10.155	10.295	10.436
281	10.580	10.726	10.872	11.022	11.172
282	11.324	11.478	11.635	11.792	11.952
283	12.114	12.278	12.443	12.610	12.779
284	12.951	13.124	13.300	13.478	13.658
285	13.839	14.023	14.210	14.397	14.587
286	14.779	14.973	15.171	15.369	15.572
287	15.776	15.981	16.191	16.401	16.615
288	16.831	17.049	17.260	17.493	17.719
289	17.947	18.177	18.410	18.648	18.886
290	19.128	19.372	19.618	19.869	20.121
291	20.377	20.634	20.896	21.160	21.426
292	21.694	21.968	22.245	22.523	22.805
293	23.090	23.378	23.669	23.963	24.261
294	24.561	24.865	25.171	25.482	25.797
295	26.114	26.434	26.758	27.086	27.418
296	27.751	28.088	28.430	28.775	29.124
297	29.478	29.834	30.195	30.560	30.928
298	31.299	31.672	32.049	32.432	32.820
299	33.213	33.609	34.009	34.413	34.820
300	35.232	35.649	36.070	36.496	36.925
301	37.358	37.796	38.237	38.683	39.135
302	39.593	40.054	40.519	40.990	41.466
303	41.945	42.429	42.918	43.411	43.908
304	44.412	44.923	45.439	45.958	46.482
305	47.011	47.547	48.087	48.632	49.184
306	49.740	50.301	50.869	51.441	52.020

续附录 3

温度/K	0.0	0.2	0.4	0.6	0.8
307	52.605	53.193	53.788	54.390	54.997
308	55.609	56.229	56.854	57.485	58.122
309	58.766	59.412	60.067	60.727	61.395
310	62.070	62.751	63.437	64.131	64.831
311	65.537	66.251	66.969	67.693	68.425
312	69.166	69.917	70.673	71.434	72.202
313	72.977	73.759	—	—	—

附录 4　不同温度下常见无机化合物的溶解度　　g/100 g 水

化学式	273K	293K	313K	333K	353K	373K
$AgBr^*$	—	8.4×10^{-6}	—	—	—	3.7×10^{-4}
$AgC_2H_3O_2$	0.73	1.05	1.43	1.93	2.59	—
$AgCl^*$	—	1.5×10^{-4}	—	—	—	2.1×10^{-3}
$AgCN^*$	—	2.2×10^{-5}	—	—	—	—
$Ag_2CO_3{}^*$	—	3.2×10^{-3}	—	—	—	5×10^{-2}
$Ag_2CrO_4{}^*$	1.4×10^{-3}	—	—	—	—	1.1×10^{-2}
AgI^{**}	—	—	—	3×10^{-6}	—	—
$AgIO_3$	—	4×10^{-3}	—	1.8×10^{-2}	—	—
$AgNO_2$	0.16	0.34	0.73	1.39	—	—
$AgNO_3$	122	216	311	440	585	733
Ag_2SO_4	0.57	0.80	0.98	1.15	1.30	1.41
$AlCl_3$	43.9	45.8	47.3	48.1	48.6	49.0
AlF_3	0.56	0.67	0.91	1.1	1.32	1.72
$Al(NO_3)_3$	60.0	73.9	88.7	106	132	160
$Al_2(SO_4)_3$	31.2	36.4	45.8	59.2	73.0	89.0
As_2O_5	59.5	65.8	71.2	73.0	75.1	76.7
$As_2S_5{}^*$	—	5.17×10^{-5}	—	—	—	—
$B_2O_3{}^{**}$	1.1	2.2	4.0	6.2	9.5	15.7
$BaCl_2\cdot2H_2O$	31.2	35.8	40.8	46.2	52.5	59.4
$BaCO_3$	—	2.2×10^{-3}(291)	—	—	—	6.5×10^{-3}
BaC_2O_4	—	9.3×10^{-3}(291)	—	—	—	2.28×10^{-2}
$BaCrO_4$	2.0×10^{-4}	3.7×10^{-4}	—	—	—	—
$Ba(NO_3)_2$	4.95	9.02	14.1	20.4	27.2	34.4
$Ba(OH)_2$	1.67	3.89	8.22	20.94	101.4	—

续附录 4

化学式	273K	293K	313K	333K	353K	373K
$BaSO_4$ **	1.15×10^{-4}	2.4×10^{-4}	—	—	—	4.13×10^{-4}
$BeSO_4$	37.0	39.1	45.8	53.1	67.2	82.8
Br_2 **	4.22	3.20	—	—	—	—
Bi_2S_3 **	—	1.8×10^{-5}(291)	—	—	—	—
$CaBr_2\cdot6H_2O$	125	143	213	278	295	312(378)
$Ca(H_2C_3O_2)_2\cdot2H_2O$	37.4	34.7	33.2	32.7	33.5	—
$CaCl_2\cdot6H_2O$	59.5	74.5	128	137	147	159
CaC_2O_4 **	—	6.8×10^{-4}(298)	—	—	—	—
CaF_2 *	1.3×10^{-3}	1.6×10^{-3}(298)	—	—	—	—
$Ca(HCO_3)_2$	16.15	16.60	17.05	17.50	17.95	18.40
CaI_2	64.6	67.6	70.8	74	78	81
$Ca(IO_3)_2\cdot6H_2O$	0.090	0.24	0.52	0.65	0.66	—
$Ca(NO_2)_2\cdot4H_2O$	63.9	84.5(291)	—	134	151	178
$Ca(NO_3)_2\cdot4H_2O$	102.0	129	191	—	358	363
$Ca(OH)_2$	0.189	0.173	0.141	0.121	0.094	0.076
$CaSO_4\cdot1/2H_2O$	—	0.32	0.26	0.145	—	0.071
$CdCl_2\cdot2.5H_2O$	90	113	—	—	—	—
$CdCl_2\cdot H_2O$	—	135	135	136	140	147
Cl_2 ① **	1.46	0.716	0.451	0.324	0.219	0
CO ① **	0.004 4	0.002 8	0.002 1	0.001 5	0.001 0	0
CO_2 ① **	0.334 6	0.168 8	0.097 3	0.057 6	—	0
$CoCl_2$	43.5	52.9	69.5	93.8	97.6	106
$Co(NO_3)_2$	84.0	97.4	125	174	204	—
$CoSO_4$	25.50	36.1	48.80	55.0	53.8	38.9
$CoSO_4\cdot7H_2O$	44.8	65.4	88.1	101	—	—
CrO_3	164.9	167.2	172.5	—	191.6	206.8
CsCl	161.0	187	208.0	230	250.0	271
CsOH *	—	395.5(288)	—	—	—	—
$CuCl_2$	68.6	73.0	87.6	96.5	104	120
CuI_2 **	—	1.107	—	—	—	—
$Cu(NO_3)_2$	83.5	125	163	182	208	247
$CuSO_4\cdot5H_2O$	23.1	32.0	44.6	61.8	83.8	114
$FeCl_2$	49.7	62.5	70.0	78.3	88.7	94.9

续附录 4

化学式	273K	293K	313K	333K	353K	373K
$FeCl_3 \cdot 6H_2O$	74.4	91.8	—	—	525.8	535.7
$Fe(NO_3)_2 \cdot 6H_2O$	113	—	—	266	—	—
$FeSO_4 \cdot 7H_2O$	28.8	48.0	73.3	100.7	79.9	57.8
H_3BO_3	2.67	5.04	8.72	14.81	23.62	40.25
HBr①	221.2	204(288)	—	—	150.5(348)	130
HCl①	82.3	72.6	63.3	56.1	—	—
$H_2C_2O_4$	3.54	9.52	21.52	44.32	84.5	—
HgBr*	—	4×10^{-6}(299)	—	—	—	—
$HgBr_2$	0.30	0.56	0.91	1.68	2.77	4.9
Hg_2Cl_2**	0.000 14	0.000 2	0.000 7	—	—	—
$HgCl_2$	3.63	6.57	10.2	16.3	30.0	61.3
I_2	0.014	0.029	0.052	0.100	0.225	0.445
KBr	53.5	65.3	75.4	85.5	95.0	104.0
$KBrO_3$	3.09	6.91	13.1	22.7	34.1	49.9
$KC_2H_3O_2$	216	256	324	350	381	—
$K_2C_2O_4$	25.5	36.4	43.8	53.2	63.6	75.3
KCl	28.0	34.2	40.1	45.8	51.3	56.3
$KClO_3$	3.3	7.3	13.9	23.8	37.6	56.3
$KClO_4$	0.76	1.68	3.73	7.3	13.4	22.3
KSCN	177.0	224	289	372	492	675
K_2CO_3	105	111	117	127	140	156
K_2CrO_4	56.3	63.7	67.8	70.1	72.1	75.6
$K_2Cr_2O_7$	4.7	12.3	26.3	45.6	73	80
$K_3Fe(CN)_6$	30.2	46	59.3	70	—	91
$K_4Fe(CN)_6$	14.3	28.2	41.4	54.8	66.9	74.2
$KHC_4H_4O_6$	0.231	0.523	—	—	—	—
$KHCO_3$	22.5	33.7	47.5	65.6	—	—
$KHSO_4$	36.2	48.6	61.0	76.4	96.1	122
KI	128	144	162	176	192	208
KIO_3	4.60	8.08	12.6	18.3	24.8	32.3
$KMnO_4$	2.83	6.34	12.6	22.1	—	—
KNO_2	279	306	329	348	376	410
KNO_3	13.9	31.6	61.3	106	167	245

续附录 4

化学式	273K	293K	313K	333K	353K	373K
KOH	95.7	112	134	154	—	178
K_2PtCl_6	0.48	0.78	1.36	2.45	3.71	5.03
K_2SO_4	7.4	11.10	14.8	18.2	21.4	24.1
$K_2S_2O_8$	1.65	4.70	11.0	—	—	—
$K_2SO_4 \cdot Al_2(SO_4)_3$	3.00	5.90	11.70	24.80	71.0	—
LiCl	69.2	83.5	89.8	98.4	112	128
Li_2CO_3	1.54	1.33	1.17	1.01	0.85	0.72
LiF	—	0.27(291)	—	—	—	—
LiOH	11.91	12.35	13.22	14.63	16.56	19.12
Li_3PO_4 *	—	0.039(291)	—	—	—	—
$MgBr_2$	98	101	106	112	113.7	125.0
$MgCl_2$	52.9	54.6	57.5	61.0	66.1	73.3
MgI_2	120	140	173	—	186	—
$Mg(NO_3)_2$	62.1	69.5	78.9	78.9	91.6	—
$Mg(OH)_2$ *	—	0.0009(291)	—	—	—	0.004
$MgSO_4$	22.0	33.7	44.5	54.6	55.8	50.4
$MnCl_2$	63.4	73.9	88.5	109	113	115
$Mn(NO_3)_2$	102	139	—	—	—	—
MnC_2O_4	0.020	0.028	—	—	—	—
$MnSO_4$	52.9	62.9	60.0	53.6	45.6	35.3
NH_4Br	60.5	76.4	91.2	108	125	145
NH_4SCN	120	170	234	346	—	—
$(NH_4)_2C_2O_4$	2.2	4.45	8.18	14.0	22.4	34.7
NH_4Cl	29.4	37.2	45.8	55.3	65.6	77.3
NH_4ClO_4	12.0	21.7	34.6	49.9	68.9	—
$(NH_4)_2 \cdot Co(SO_4)_2$	6.0	13.0	22.0	33.5	49.0	75.1
$(NH_4)_2CrO_4$	25.0	34.0	45.3	59.0	76.1	—
$(NH_4)_2Cr_2O_7$	18.2	35.6	58.5	86	115	156
$(NH_4)_2 \cdot Cr_2(SO_4)_4$	3.95	10.78(298)	32.6	—	—	—
$(NH_4)_2 \cdot Fe(SO_4)_2$ **	12.5	—	33	—	—	—
NH_4HCO_3 *	11.9	21.7	36.6	59.2	109	354
$NH_4H_2PO_4$	22.7	37.4	56.7	82.5	118	173

续附录 4

化学式	273K	293K	313K	333K	353K	373K
$(NH_4)_2HPO_4$	42.9	68.9	81.8	97.2	—	—
NH_4I	155	172	191	209	229	250
NH_4MgPO_4 **	0.0231	0.052	0.036	0.040	0.019	0.0195
NH_4NO_3	118.3	192	297.0	421.0	580.0	871.0
$(NH_4)_2PtCl_6$	0.289	0.499	0.815	1.44	2.16	3.36
$(NH_4)_2SO_4$	70.6	75.4	81.0	88.0	95	103
$(NH_4)_2S_2O_8$ *	58.2	—	—	—	—	—
$(NH_4)_3SbS_4$	71.2	91.2	—	—	—	—
$(NH_4)_2SeO_4$ *	—	—	—	—	—	197
NH_4VO_3	—	0.48	1.32	2.42	—	—
NaBr	80.2	90.8	107	118	120	121
$Na_2B_4O_7$	1.11	2.56	6.67	19.0	31.4	52.5
$NaBrO_3$	24.2	36.4	48.8	62.6	75.7	90.8
$NaC_2H_3O_2$	36.2	46.4	65.6	139	153	170
$Na_2C_2O_4$	2.69	3.41	4.18	4.93	5.71	6.50
NaCl	35.7	35.9	36.4	37.1	38.0	39.2
$NaClO_3$	79.6	95.9	115	137	167	204
Na_2CO_3	7.0	21.5	49.0	46.0	43.9	—
Na_2CrO_4	31.70	84.0	96.0	115	125	126
$Na_2Cr_2O_7$	163.0	183	215	269	376	415
$Na_4Fe(CN)_6$	11.2	18.8	29.9	43.7	62.1	—
$NaHCO_3$	7.0	9.6	12.7	16.0	—	—
NaH_2PO_4	56.5	86.9	133	172	211	—
Na_2HPO_4	1.68	7.83	55.3	82.8	92.3	104
NaI	159	178	205	257	295	302
$NaIO_3$	2.48	8.08	13.3	19.8	26.6	33.0
$NaNO_3$	73.0	87.6	102	122	148	180
$NaNO_2$	71.2	80.8	94.9	111	133	160
NaOH	—	109	129	174	—	—
Na_3PO_4	4.5	12.1	20.2	29.9	60.0	77.0
$Na_4P_2O_7$ **	3.16	6.23	13.50	21.83	30.04	40.26
Na_2S	9.6	15.7	26.6	39.1	55.0	—
$NaSb(OH)_6$ *	—	—	—	—	—	0.3

续附录 4

化学式	273K	293K	313K	333K	353K	373K
Na_2SO_3	14.4	26.3	37.2	32.6	29.4	—
Na_2SO_4	4.9	19.5	48.8	45.3	43.7	42.5
$Na_2SO_4 \cdot 7H_2O$	19.5	44.1	—	—	—	—
$Na_2S_2O_3 \cdot 5H_2O$	50.2	70.1	104	—	—	—
$NaVO_3$	—	19.3	26.3	33.0	40.8	—
Na_2WO_4	71.5	73.0	77.6	—	90.8	—
$NiCO_3$ *	—	0.0093(298)	—	—	—	—
$NiCl_2$	53.4	60.8	73.2	81.2	86.6	87.6
$Ni(NO_3)_2$	79.2	94.2	119	158	187	—
$NiSO_4 \cdot 7H_2O$	26.2	37.7	50.4	—	—	—
$Pb(C_2H_3O_2)_2$	19.8	44.3	116	—	—	—
$PbCl_2$	0.67	1.00	1.42	1.94	2.54	3.20
PbI_2	0.044	0.069	0.124	0.193	0.294	0.42
$Pb(NO_2)_2$	37.5	54.3	72.1	91.6	111	133
$PbSO_4$ **	0.0028	0.0041	0.0056	—	—	—
$SbCl_3$	602	910	1368	—		
Sb_2S_3 *	—	0.000175(291)	—	—	—	—
$SnCl_2$ *	83.9	259.8(288)	—	—	—	—
$SnSO_4$ *	—	33(298)	—	—	—	18
$Sr(C_2H_3O_2)_2$	37.0	41.1	38.3	36.8	36.1	36.4
SrC_2O_4 **	0.003 3	0.004 6	—	—	—	—
$SrCl_2$	43.5	52.9	65.3	81.8	90.5	101
$Sr(NO_2)_2$	52.7	65.0	79	97	130	139
$Sr(NO_3)_2$	39.5	69.5	89.4	93.4	96.9	—
$SrSO_4$	0.011 3	0.013 2	0.014 1	0.013 1	0.011 6	—
$SrCrO_4$	—	0.090	—	—	0.058	—
$Zn(NO_3)_2$	98	118.3	211	—	—	—
$ZnSO_4$	41.6	53.8	70.5	75.4	71.1	60.5

摘自 J. A. dean Ed, Lange's Handbook of Chemistry, 13th. edition, 1985;

注：表中括号内数据指温度(K)；①表示在压力 1.01325×10^5 Pa 下；

** 摘自顾庆超等编. 化学用表. 江苏省科学技术出版社，1979；

* 摘自 R. C. Weast, Handbook of chemistry and physics, 70th. edition, 1989-19

附录 5　常用的酸碱溶液的相对密度和浓度

相对密度 (15℃)	HCl 的浓度 g/100 g	HCl 的浓度 $mol \cdot L^{-1}$	HNO_3 的浓度 g/100 g	HNO_3 的浓度 $mol \cdot L^{-1}$	H_2SO_4 的浓度 g/100 g	H_2SO_4 的浓度 $mol \cdot L^{-1}$
1.02	4.13	1.15	3.70	0.6	3.1	0.3
1.04	8.16	2.3	7.26	1.2	6.1	0.6
1.05	10.2	2.9	9.0	1.5	7.4	0.8
1.06	12.2	3.5	10.7	1.8	8.8	0.9
1.08	16.2	4.8	13.9	2.4	11.6	1.3
1.10	20.0	6.0	17.1	3.0	14.4	1.6
1.12	23.8	7.3	20.2	3.6	17.0	2.0
1.14	27.7	8.7	23.3	4.2	19.9	2.3
1.15	29.6	9.3	24.8	4.5	20.9	2.5
1.19	37.2	12.2	30.9	5.8	26.0	3.2
1.20			32.3	6.2	27.3	3.4
1.25			39.3	7.9	33.4	4.3
1.30			47.5	9.8	39.2	5.2
1.35			55.8	12.0	44.8	6.2
1.40			65.3	14.5	50.1	7.2
1.42			69.8	15.7	52.2	7.6
1.45					55.0	8.2
1.50					59.8	9.2
1.55					64.3	10.2
1.60					68.7	11.2
1.65					73.0	12.3
1.70					77.2	13.4
1.84					95.6	18.0

相对密度 (15℃)	NH_3 的浓度 g/100 g	NH_3 的浓度 $mol \cdot L^{-1}$	NaOH 的浓度 g/100 g	NaOH 的浓度 $mol \cdot L^{-1}$	KOH 的浓度 g/100 g	KOH 的浓度 $mol \cdot L^{-1}$
0.88	35.0	18.0				
0.90	28.3	15				
0.91	25.0	13.4				
0.92	21.8	11.8				
0.94	15.6	8.6				
0.96	9.9	5.6				
0.98	4.8	2.8				
1.05			4.5	1.25	5.5	1.0
1.10			9.0	2.5	10.9	2.1
1.15			13.5	3.9	16.1	3.3
1.20			18.0	5.4	21.2	4.5
1.25			22.5	7.0	26.1	5.8
1.30			27.0	8.8	30.9	7.2
1.35			31.8	10.7	35.5	8.5

附录 6 常用弱酸及弱碱的离解常数表(18～25℃)

名 称	化学式	$K_a(K_b)$	$pK_a(pK_b)$
亚砷酸	$HAsO_2$	K_1 6.0×10^{-10}	9.22
砷酸	H_3AsO_4	K_1 6.5×10^{-3}	2.19
		K_2 1.15×10^{-7}	6.94
		K_3 3.2×10^{-12}	11.50
硼酸	H_3BO_3	K_1 5.8×10^{-10}	9.24
碳酸	H_2CO_3	K_1 4.2×10^{-7}	6.38
		K_2 5.6×10^{-11}	10.25
氢氰酸	HCN	4.9×10^{-10}	9.31
铬酸	H_2CrO_4	K_1 1.8×10^{-1}	0.74
		K_2 3.2×10^{-7}	6.49
氢氰酸	HF	6.8×10^{-4}	3.17
氢硫酸	H_2S	K_1 8.9×10^{-8}	7.05
		K_2 1.2×10^{-13}	12.92
亚硝酸	HNO_2	4.6×10^{-4}	3.33
过氧化氢	H_2O_2	2.4×10^{-12}	11.62
磷酸	H_3PO_4	K_1 6.9×10^{-3}	2.16
		K_2 6.23×10^{-8}	7.21
		K_3 4.8×10^{-13}	12.32
焦磷酸	$H_4P_2O_7$	K_1 3.0×10^{-2}	1.52
		K_2 4.4×10^{-3}	2.36
		K_3 2.5×10^{-7}	6.60
		K_4 5.6×10^{-10}	9.25
偏硅酸	H_2SiO_3	K_1 1.7×10^{-10}	9.77
		K_2 1.6×10^{-12}	11.80
硫酸	H_2SO_4	K_2 1.2×10^{-2}	1.92
亚硫酸	H_2SO_3	K_1 1.29×10^{-2}	1.89
		K_2 6.3×10^{-7}	6.20
甲酸(蚁酸)	HCOOH	1.7×10^{-4}	3.77
醋酸	CH_3COOH	1.79×10^{-5}	4.75
抗坏血酸	$C_6H_8O_6$	K_1 6.8×10^{-5}	4.17
		K_2 2.8×10^{-12}	11.56
草酸	$H_2C_2O_4 \cdot 2H_2O$	K_1 5.6×10^{-2}	1.25
		K_2 5.1×10^{-5}	4.29
水杨酸	$C_6H_4OH \cdot COOH$	K_1 1.3×10^{-3}	2.89
		K_2 8×10^{-14}	13.1

续附录 6

名　称	化学式	$K_a(K_b)$	$pK_a(pK_b)$
磺基水杨酸	$C_6H_3SO_3H \cdot OH \cdot COOH$	$K_2\,3\times10^{-3}$	2.5
		$K_3\,3\times10^{-12}$	11.5
酒石酸	$H_2C_4H_4O_6$	$K_1\,9.1\times10^{-4}$	3.04
		$K_2\,4.3\times10^{-5}$	4.37
邻苯二甲酸	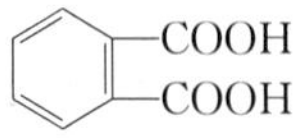	$K_1\,1.1\times10^{-3}$	2.95
		$K_2\,3.9\times10^{-6}$	5.41
柠檬酸	$H_3OHC_6H_4O_6$	$K_1\,7.4\times10^{-4}$	3.13
		$K_2\,1.8\times10^{-5}$	4.74
		$K_3\,4.0\times10^{-7}$	6.40
苹果酸	$COOH \cdot CHOHCH_2COOH$	$K_1\,4.0\times10^{-4}$	3.40
		$K_2\,8.9\times10^{-6}$	5.05
苯甲酸	C_6H_5COOH	6.2×10^{-5}	4.20
乳酸	$CH_3CHOHCOOH$	1.4×10^{-4}	3.86
乙二胺四乙酸(EDTA)	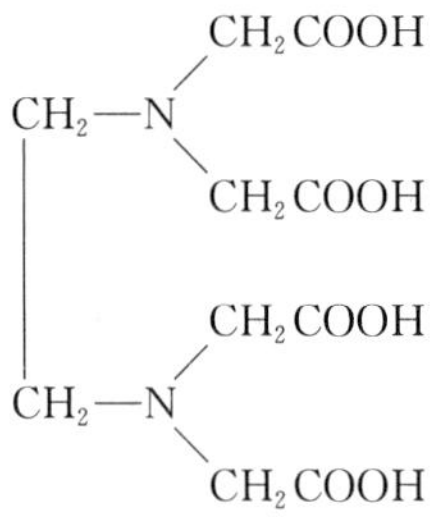	$K_1\,1.3\times10^{-1}$	0.9
		$K_2\,3\times10^{-2}$	1.52
		$K_3\,8.5\times10^{-3}$	2.07
		$K_4\,1.8\times10^{-3}$	2.74
二乙三胺五乙酸(DTPA)	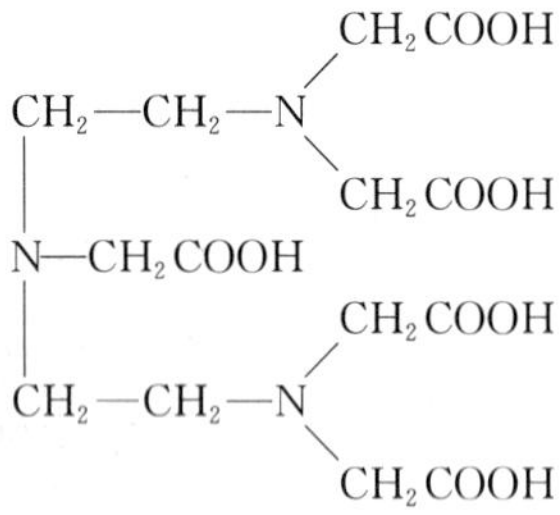	$K_1\,1.29\times10^{-2}$	1.89
		$K_2\,1.62\times10^{-3}$	2.79
		$K_3\,5.13\times10^{-5}$	4.29
		$K_4\,2.46\times10^{-9}$	8.61
		$K_5\,3.81\times10^{-11}$	10.42
8-羟基喹啉	C_9H_6NOH	$K_1\,8\times10^{-6}$	5.1
		$K_2\,1\times10^{-10}$	10
氨水	$NH_3 \cdot H_2O$	1.8×10^{-5}	4.74
甲胺	CH_3NH_2	4.2×10^{-4}	3.38
乙胺	$CH_3CH_2NH_2$	4.3×10^{-4}	3.37
三乙醇胺	$(HOCH_2CH_2)_3N$	5.8×10^{-7}	6.24
六亚甲基四胺	$(CH_2)_6N_4$	1.4×10^{-9}	8.85

附录 7 难溶化合物的溶度积常数表(18～25℃)

难溶化合物	K_{sp}	pK_{sp}	难溶化合物	K_{sp}	pK_{sp}
$Ag[Ag(CN)_2]$	7.2×10^{-11}	10.14	$Ca(OH)_2$	5.5×10^{-6}	5.26
AgBr	4.95×10^{-13}	12.31	$Ca_3(PO_4)_2$	2×10^{-29}	28.7
Ag_2CO_3	8.1×10^{-12}	11.09	$CaSO_4$	9.1×10^{-6}	5.04
$Ag_2C_2O_4$	3.4×10^{-11}	10.46	$CdCO_3$	5.2×10^{-12}	11.28
AgSCN	1.0×10^{-12}	12.0	$Cr(OH)_2$	2×10^{-16}	15.7
AgCl	1.77×10^{-10}	9.75	$Cr(OH)_3$	6.3×10^{-31}	30.2
Ag_2CrO_4	1.12×10^{-12}	11.95	$CrPO_4$	1×10^{-17}	17.0
$Ag_2Cr_2O_7$	2×10^{-7}	6.7	$CuCO_3$	1.4×10^{-10}	9.86
AgI	8.3×10^{-16}	16.08	CuC_2O_4	2.3×10^{-8}	7.64
AgOH	2.0×10^{-8}	7.71	CuCl	1.2×10^{-6}	5.92
Ag_3PO_4	1.4×10^{-16}	15.84	CuSCN	4.8×10^{-15}	14.32
Ag_2S	6.3×10^{-50}	49.2	$CuCrO_4$	3.6×10^{-6}	5.44
Ag_2SO_4	1.4×10^{-5}	4.84	$Cu_2[Fe(CN)_6]$	1.3×10^{-16}	15.89
$AlAsO_4$	1.6×10^{-16}	15.8	CuI	1.1×10^{-12}	11.96
$Al(OH)_3$	1.3×10^{-33}	32.9	CuOH	1×10^{-14}	14.0
$AlPO_4$	6.3×10^{-19}	18.24	$Cu(OH)_2$	2.2×10^{-20}	19.66
Al-8-羟基喹啉	1.0×10^{-29}	29.0	CuS	6.3×10^{-36}	35.2
As_2S_3	2.1×10^{-22}	21.68	Cu_2S	2.5×10^{-48}	47.6
$Ba_3(AsO_4)_2$	8×10^{-51}	50.1	$CdC_2O_4\cdot3H_2O$	9.1×10^{-8}	7.04
$BaCO_3$	8.1×10^{-9}	8.09	$Cd_2[Fe(CN)_6]$	3.2×10^{-17}	16.49
BaC_2O_4	1.6×10^{-7}	6.80	$Cd(OH)_2$(新沉淀)	2.2×10^{-14}	13.66
$BaCrO_4$	1.2×10^{-10}	9.93	$Cd(OH)_2$(陈化)	5.9×10^{-15}	14.23
BaF_2	1.0×10^{-6}	5.98	CdS	8×10^{-27}	26.1
$Ba(OH)_2$	5×10^{-3}	2.3	$CoCO_3$	1.4×10^{-13}	12.84
$BaSO_4$	1.1×10^{-10}	9.96	$Co_2[Fe(CN)_6]$	1.8×10^{-15}	14.74
$Ca_3(AsO_4)_2$	6.8×10^{-19}	18.2	$Co(OH)_2$(蓝、新鲜)	1.6×10^{-14}	13.8
$CaCO_3$	2.8×10^{-9}	8.54	$Co(OH)_2$(红、陈化)	5×10^{-16}	15.3
$CaC_2O_4\cdot2H_2O$	2.5×10^{-9}	8.6	$Co(OH)_3$	1.6×10^{-44}	43.8
CaF_2	2.7×10^{-11}	10.57	CoS(α)	4.0×10^{-21}	20.4
$CaHPO_4$	1×10^{-7}	7.0	CoS(β)	2.0×10^{-25}	24.7

续附录 7

难溶化合物	K_{sp}	pK_{sp}	难溶化合物	K_{sp}	pK_{sp}
$FeCO_3$	3.2×10^{-11}	10.5	$Mn(OH)_2$	1.9×10^{-13}	12.72
FeC_2O_4	3.2×10^{-7}	6.5	MnS(浅红)	2.5×10^{-10}	9.6
$Fe_4[Fe(CN)_6]_3$	3.3×10^{-41}	40.5	MnS(绿)	2.5×10^{-13}	12.60
$Fe(OH)_2$	3.7×10^{-15}	14.43	$PbCO_3$	7.4×10^{-14}	13.13
$Fe(OH)_3$	1.1×10^{-36}	35.96	PbC_2O_4	4.8×10^{-10}	9.32
$FePO_4$	1.3×10^{-22}	21.9	$PbCl_2$	1.6×10^{-5}	4.79
FeS	6.3×10^{-18}	17.2	$PbCrO_4$	2.8×10^{-13}	12.55
Fe_2S_3	1×10^{-38}	38.0	PbF_2	2.7×10^{-8}	7.57
Hg_2CO_3	8.9×10^{-17}	16.1	$PbHPO_4$	1.3×10^{-10}	9.9
$Hg_2C_2O_4$	2×10^{-13}	12.7	PbI_2	7.1×10^{-9}	8.15
$Hg_2(CN)_2$	5×10^{-40}	39.3	$Pb(OH)_2$	1.2×10^{-15}	14.93
$Hg_2(SCN)_2$	2×10^{-20}	19.7	$Pb_3(PO_4)_2$	8×10^{-43}	42.1
Hg_2Cl_2	2.0×10^{-18}	17.70	PbS	1.1×10^{-28}	27.96
$HgCrO_4$	2×10^{-9}	8.7	$PbSO_4$	1.6×10^{-8}	7.79
$(Hg_2)_3[Fe(CN)_6]_2$	8.5×10^{-21}	20.07	$Sn(OH)_2$	1.4×10^{-28}	27.85
$Hg_2(OH)_2$	2×10^{-24}	23.7	$Sn(OH)_4$	1×10^{-56}	56.0
$Hg(OH)_2$	3×10^{-26}	25.52	SnS	1×10^{-25}	25.0
HgS(红)	4×10^{-53}	52.4	$SrCO_3$	1.1×10^{-10}	9.96
HgS(黑)	1.6×10^{-52}	51.8	SrC_2O_4	6.3×10^{-8}	7.2
Hg_2SO_4	1×10^{-17}	17.0	$SrCrO_4$	2.2×10^{-5}	4.65
$K[B(C_6H_5)_4]$	2.2×10^{-8}	7.65	$Sr_3(PO_4)_2$	4×10^{-28}	27.4
$KHC_4H_4O_6$	3.0×10^{-4}	3.52	$SrSO_4$	3.2×10^{-7}	6.49
$K_2NaCo(NO_2)_6$	2.2×10^{-11}	10.66	SrF_2	2.5×10^{-9}	8.61
$MgCO_3$	2.6×10^{-5}	4.58	$ZnCO_3$	1.4×10^{-11}	10.84
MgC_2O_4	8.6×10^{-5}	4.07	ZnC_2O_4	2.7×10^{-8}	7.56
MgF_2	6.5×10^{-9}	8.19	$Zn_2[Fe(CN)_6]$	4.0×10^{-16}	15.4
$MgNH_4PO_4$	2.5×10^{-13}	12.6	$Zn[Hg(SCN)_4]$	2.2×10^{-7}	6.66
$Mg(OH)_2$	5×10^{-12}	11.3	$Zn(OH)_2$	1.2×10^{-17}	16.92
Mg-8-羟基喹啉	4×10^{-16}	15.4	$Zn_3(PO_4)_2$	9.0×10^{-33}	32.05
$MuCO_3$	1.8×10^{-11}	10.74	ZnS(α)	1.6×10^{-24}	23.8
$MnC_2O_4\cdot2H_2O$	1.1×10^{-15}	14.96	ZnS(β)	2.5×10^{-22}	21.6
$Mn_2[Fe(CN)_6]$	8×10^{-13}	12.1	Zn-8-羟基喹啉	5×10^{-25}	24.3

附录 8　一些配合物的形成常数表(18～25℃)

配合物	$\lg K_f$	配合物	$\lg K_f$	配合物	$\lg K_f$
$[AgCl_4]^{3-}$	5.31	$[Co(NH_3)_6]^{3+}$	35.2	$[Fe(C_2O_4)_3]^{3-}$	20.2
$[AgBr_4]^{3-}$	9.20	$[Co(C_2O_4)_3]^{4-}$	9.7	$[HgCl_4]^{2-}$	16.21
$[AgI_4]^{3-}$	13.75	$[Co(C_2O_4)_3]^{3-}$	～20	$[HgBr_4]^{2-}$	21.0
$[Ag(CN)_2]^-$	21.10	CrF_3	10.29	$[HgI_4]^{2-}$	20.83
$[Ag(SCN)_2]^-$	7.57	$[Cr(SCN)_2]^+$	3.0	$[Hg(CN)_4]^{2-}$	41.4
$[AgC_2O_4]^-$	2.41	$[CuCl_3]^{2-}$	5.7	$[Hg(SCN)_4]^{2-}$	21.23
$[Ag(NH_3)_2]^+$	7.03	$[CuBr_2]^-$	5.89	$[Hg(NH_3)_4]^{2+}$	19.4
$[Ag(S_2O_3)_2]^{3-}$	13.46	$[CuI_2]^-$	8.76	$[Hg(S_2O_3)_4]^{6-}$	33.24
$[AlF_6]^{3-}$	19.84	$[Cu(CN)_4]^{3-}$	30.3	$[Hg(C_2O_4)_2]^{2-}$	6.98
$[Al(C_2O_4)_3]^{3-}$	16.3	$[Cu(SCN)_2]^-$	5.18	$[Mg(C_2O_4)_2]^{2-}$	4.38
$[CdCl_4]^{2-}$	2.8	$[Cu(NH_2)_2]^+$	10.8	$[MnF]^+$	5.48
$[CdBr_4]^{2-}$	3.7	$[Cu(NH_3)_4]^{2+}$	12.67	$[Mn(C_2O_4)_3]^{4-}$	19.4
$[CdI_4]^{2-}$	6.49	$[Cu(S_2O_3)_3]^{5-}$	13.84	$[PbBr_4]^{2-}$	3.0
$[Cd(CN)_4]^{2-}$	18.85	FeF_3	12.06	$[PbI_4]^{2-}$	4.47
$[Cd(SCN)_4]^{2-}$	3.6	$[Fe(F_5)]^{2-}$	15.77	$[Pb(CN)_4]^{2-}$	10
$[Cd(NH_3)_4]^{2+}$	7.12	$[Fe(CN)_6]^{4-}$	35	$[Pb(S_2O_3)_3]^{4-}$	6.35
$[Cd(S_2O_3)_2]^{2-}$	6.44	$[Fe(CN)_6]^{3-}$	42	$[Pb(C_2O_4)_2]^{2-}$	6.54
$[Cd(C_2O_4)_2]^{2-}$	5.77	$Fe(SCN)_3$	5.64	$[Zn(CN)_4]^{2-}$	16.7
$[Co(CN)_4]^{2-}$	19.1	$[Fe(SCN)_5]^{2-}$	6.4	$[Zn(NH_3)_4]^{2+}$	9.46
$[Co(SCN)_4]^{2-}$	3.0	$[FeHPO_4]^+$	9.35	$[Zn(C_2O_4)_3]^{4-}$	8.15
$[Co(NH_3)_6]^{2+}$	5.11	$[Fe(C_2O_4)_3]^{4-}$	5.2		

附录 9　氨羧配位剂类配合物的形成常数表(18～25℃)

金属离子	$\lg K_f$					
	EDTA	CyDTA	DTPA	EGTA	HEDTA	TTHA
Ag^+	7.32			6.88	6.71	8.67
Al^{3+}	16.3	17.63	18.6	13.9	14.3	19.7
Ba^{2+}	7.86	8.0	8.87	8.41	6.3	8.22
Be^{2+}	9.3	11.51				
Bi^{3+}	27.94	32.3	35.6		22.3	
Ca^{2+}	10.7	12.10	10.83	10.97	8.3	10.06
Cd^{2+}	16.7	19.23	19.2	16.7	13.3	19.8
Ce^{3+}	15.98	16.76				
Co^{2+}	16.31	18.92	19.27	12.39	14.6	17.1
Co^{3+}	36				37.4	
Cr^{3+}	23.4					

续附录 9

金属离子	$\lg K_f$					
	EDTA	CyDTA	DTPA	EGTA	HEDTA	TTHA
Cu^{2+}	18.80	21.30	21.55	17.71	17.6	19.2
Er^{3+}						23.19
Fe^{2+}	14.32	19.0	16.5	11.87	12.3	
Fe^{3+}	25.1	30.1	28.0	20.5	19.8	26.8
Ga^{3+}	20.3	22.91	25.54		16.9	
Hg^{2+}	21.80	25.00	26.70	23.2	20.30	26.8
In^{3+}	25.0	28.8	29.0		20.2	
La^{3+}		16.26				22.22
Li^{+}	2.79					
Mg^{2+}	8.7	11.02	9.30	5.21	7.0	8.43
Mn^{2+}	13.87	16.78	15.60	12.28	10.9	14.65
Mo(V)	～28					
Na^{+}	1.66					
Nd^{3+}	16.61	17.68				22.82
Ni^{2+}	18.62	20.3	20.32	13.55	17.3	18.1
Pb^{2+}	18.04	19.68	18.80	14.71	15.7	17.1
Pd^{2+}	18.5					
Pr^{3+}	16.4	17.31				
Sc^{3+}	23.1	26.1	24.5	18.2		
Sm^{3+}						24.3
Sn^{2+}	18.3					
Sn^{4+}	34.5					
Sr^{2+}	8.73	10.59	9.77	8.50	6.9	9.26
Th^{4+}	23.2	25.6	28.78			31.9
TiO^{2+}	17.3					
Tl^{3+}	37.8	38.3				
U^{4-}	25.8	27.6	7.69			
VO^{2+}	18.8	19.40				
Y^{3+}	18.10	19.15	22.13	17.16	14.78	
Zn^{2+}	16.50	18.67	18.40	12.7	14.7	
Zr^{2+}	29.5		35.8			16.65
稀土元素	16～20	17～22	19		13～16	

注：EDTA：乙二胺四乙酸；

CyDTA：1,2-二胺基环己烷四乙酸（或称 DCTA）；

DTPA：二乙基三胺五乙酸；

EGTA：乙二醇二乙醚二胺四乙酸；

HEDTA：N-β 羟基乙基乙二胺三乙酸；

TTHA：三乙基四胺六乙酸。

附录 10　标准电极电势表(25℃)

电极反应	$\varphi^{\ominus}$/V
$K^{+}+e^{-}\rightleftharpoons K$	−2.924
$Sr^{2+}+2e^{-}\rightleftharpoons Sr$	−2.89
$Ca^{2+}+2e^{-}\rightleftharpoons Ca$	−2.76
$Na^{+}+e^{-}\rightleftharpoons Na$	−2.711
$Mg^{2+}+2c^{-}\longrightarrow Mg$	−2.375
$Al^{3+}+3e^{-}\rightleftharpoons Al$	−1.66
$ZnO_2^{2-}+2H_2O+2e^{-}\rightleftharpoons Zn+4OH^{-}$	−1.216
$SO_4^{2-}+H_2O+2e^{-}\rightleftharpoons SO_3^{2-}+2OH^{-}$	−0.92
$Zn^{2+}+2e^{-}\rightleftharpoons Zn$	−0.762 8
$S+2e^{-}\rightleftharpoons S^{2-}$	−0.508
CO_2(气)$+2H^{+}+2e^{-}\rightleftharpoons H_2C_2O_4$	−0.490
$Fe^{2+}+2e^{-}\rightleftharpoons Fe$	−0.409
$Se+2H^{+}+2e^{-}\rightleftharpoons H_2Se$	−0.40
$SeO_3^{2-}+3H_2O+4e^{-}\rightleftharpoons Se+6OH^{-}$	−0.366
$H_3PO_4+2H^{+}+2e^{-}\rightleftharpoons H_3PO_3+H_2O$	−0.276
$AgI+e^{-}\rightleftharpoons Ag+I^{-}$	−0.151
$2H^{+}+2e^{-}\rightleftharpoons H_2$	0
$NO_3^{-}+H_2O+2e^{-}\rightleftharpoons NO_2^{-}+2OH^{-}$	0.01
$AgBr+e^{-}\rightleftharpoons Ag+Br^{-}$	0.073
$S_4O_6^{2-}+2e^{-}\rightleftharpoons 2S_2O_3^{2-}$	0.09
$S+2H^{+}+2e^{-}\rightleftharpoons H_2S$	0.141
$Sn^{4+}+2e^{-}\rightleftharpoons Sn^{2+}$	0.15
$Cu^{2+}+e^{-}\rightleftharpoons Cu^{+}$	0.158
$SO_4^{2-}+4H^{+}+2e^{-}\rightleftharpoons H_2SO_3+H_2O$	0.20
$AgCl+e^{-}\rightleftharpoons Ag+Cl^{-}$	0.222
$Cu^{2+}+2c^{-}\longrightarrow Cu$	0.340 2
$O_2+H_2O+4e^{-}\rightleftharpoons 4OH^{-}$	0.401
I_2(固)$+2e^{-}\rightleftharpoons 2I^{-}$	0.534 5
$I_3^{-}+2e^{-}\rightleftharpoons 3I^{-}$	0.535 5
$MnO_4^{-}+e^{-}\rightleftharpoons MnO_4^{2-}$	0.564

续附录 10

电极反应	$\varphi^{\ominus}$/V
$H_3AsO_4+2H^++2e^- \rightleftharpoons HAsO_2+2H_2O$	0.58
$MnO_4^-+2H_2O+3e^- \rightleftharpoons MnO_2+4OH^-$	0.58
$O_2+2H^++2e^- \rightleftharpoons H_2O_2$	0.682
$Fe^{3+}+e^- \rightleftharpoons Fe^{2+}$	0.770
$Hg_2^{2+}+2e^- \rightleftharpoons 2Hg$	0.789
$Ag^++e^- \rightleftharpoons Ag$	0.799 6
$Hg^{2+}+2e^- \rightleftharpoons Hg$	0.851
$Cu^{2+}+I^-+e^- \rightleftharpoons CuI$	0.86
$2Hg^{2+}+2e^- \rightleftharpoons Hg_2^{2+}$	0.995
$NO_3^-+3H^++2e^- \rightleftharpoons HNO_2+H_2O$	0.94
$NO_3^-+4H^++3e^- \rightleftharpoons NO+H_2O$	0.96
$VO_2^++2H^++e^- \rightleftharpoons VO^{2+}+H_2O$	0.999
$HNO_2+H^++e^- \rightleftharpoons NO+H_2O$	1.00
$Br_2+2e^- \rightleftharpoons 2Br^-$	1.065
$IO_3^-+6H^++6e^- \rightleftharpoons I^-+3H_2O$	1.085
$2IO_4^-+12H^++10e^- \rightleftharpoons I_2+6H_2O$	1.20
$MnO_2+4H^++2e^- \rightleftharpoons Mn^{2+}+2H_2O$	1.208
$O_2+4H^++4e^- \rightleftharpoons 2H_2O$	1.229
$Cr_2O_7^{2-}+14H^++6e^- \rightleftharpoons 2Cr^{3+}+7H_2O$	1.33
$Cl_2+2e^- \rightleftharpoons 2Cl^-$	1.358 3
$BrO_3^-+6H^++6e^- \rightleftharpoons Br^-+3H_2O$	1.44
$Ce^{4+}+e^- \rightleftharpoons Ce^{3+}$	1.443
$ClO_3^-+6H^++6e^- \rightleftharpoons Cl^-+3H_2O$	1.45
$ClO_3^-+12H^++10e^- \rightleftharpoons Cl_2+6H_2O$	1.47
$HClO+H^++2e^- \rightleftharpoons Cl^-+H_2O$	1.49
$MnO_4^-+8H^++5e^- \rightleftharpoons Mn^{2+}+4H_2O$	1.51
$2HClO+2H^++2e^- \rightleftharpoons Cl_2+2H_2O$	1.63
$H_2O_2+2H^++2e^- \rightleftharpoons 2H_2O$	1.776
$F_2+2e^- \rightleftharpoons 2F^-$	2.87

附录 11　部分氧化还原电对的条件电极电势表

电极反应	$\varphi^{\ominus\prime}$/V	介　质
$Ag^{+}+e^{-} \rightleftharpoons Ag$	0.792	$c(HClO_4)=1\ mol\cdot L^{-1}$
	0.228	$c(HCl)=1\ mol\cdot L^{-1}$
	0.59	$c(NaOH)=1\ mol\cdot L^{-1}$
$Ce^{4+}+e^{-} \rightleftharpoons Ce^{3+}$	1.70	$c(HClO_4)=1\ mol\cdot L^{-1}$
	1.61	$c(HNO_3)=1\ mol\cdot L^{-1}$
	1.44	$c(H_2SO_4)=0.5\ mol\cdot L^{-1}$
	1.28	$c(HCl)=1\ mol\cdot L^{-1}$
$Co^{3+}+e^{-} \rightleftharpoons Co^{2+}$	1.84	$c(HNO_3)=3\ mol\cdot L^{-1}$
$Cr^{3+}+e^{-} \rightleftharpoons Cr^{2+}$	−0.40	$c(HCl)=5\ mol\cdot L^{-1}$
$Cr_2O_7^{2+}+14H^{+}+6e^{-} \rightleftharpoons 2Cr^{3+}+7H_2O$	0.93	$c(HCl)=0.1\ mol\cdot L^{-1}$
	0.97	$c(HCl)=0.5\ mol\cdot L^{-1}$
	1.00	$c(HCl)=1\ mol\cdot L^{-1}$
	1.05	$c(HCl)=2\ mol\cdot L^{-1}$
	1.08	$c(HCl)=3\ mol\cdot L^{-1}$
	1.11	$c(H_2SO_4)=2\ mol\cdot L^{-1}$
	1.15	$c(H_2SO_4)=4\ mol\cdot L^{-1}$
	1.30	$c(H_2SO_4)=6\ mol\cdot L^{-1}$
	1.34	$c(H_2SO_4)=8\ mol\cdot L^{-1}$
	0.84	$c(HClO_4)=0.1\ mol\cdot L^{-1}$
	1.025	$c(HClO_4)=1\ mol\cdot L^{-1}$
	1.27	$c(HNO_3)=1\ mol\cdot L^{-1}$
$CrO_4^{2-}+2H_2O+3e^{-} \rightleftharpoons CrO_2^{-}+4OH^{-1}$	−0.12	$c(NaOH)=1\ mol\cdot L^{-1}$
$Cu^{2+}+e^{-} \rightleftharpoons Cu^{+}$	−0.09	pH=14.0
$Fe^{3+}+e^{-} \rightleftharpoons Fe^{2+}$	0.75	$c(HClO_4)=1\ mol\cdot L^{-1}$
	0.68	$c(H_2SO_4)=1\ mol\cdot L^{-1}$
	0.70	$c(HCl)=1\ mol\cdot L^{-1}$
	0.46	$c(H_3PO_4)=2\ mol\cdot L^{-1}$
	0.51	$c(HCl)=1\ mol\cdot L^{-1}$
		$c(H_3PO_4)=0.25\ mol\cdot L^{-1}$
$H_3AsO_4+2H^{+}+2e^{-} \rightleftharpoons HAsO_2+2H_2O$	0.557	$c(HCl)=1\ mol\cdot L^{-1}$
	0.557	$c(HClO_4)=1\ mol\cdot L^{-1}$

续附录 11

电极反应	$\varphi^{\ominus\prime}$/V	介 质
$I_3^- + 2e^- \rightleftharpoons 3I^-$	0.545	$c(H_2SO_4)=0.5\ mol \cdot L^{-1}$
$MnO_4^- + 8H^+ + 5e^- \rightleftharpoons 2Mn^{2+} + 4H_2O$	1.45	$c(HClO_4)=1\ mol \cdot L^{-1}$
	1.27	$c(H_3PO_4)=8\ mol \cdot L^{-1}$
$SnCl_6^{2-} + 2e^- \rightleftharpoons SnCl_4^{2-} + 2Cl^-$	0.14	$c(HCl)=1\ mol \cdot L^{-1}$
$Sn^{2+} + 2e^- \rightleftharpoons Sn$	−0.16	$c(HClO_4)=1\ mol \cdot L^{-1}$
$Pb^{2+} + 2e^- \rightleftharpoons Pb$	−0.32	$c(NaAc)=1\ mol \cdot L^{-1}$
	−0.14	$c(HClO_4)=1\ mol \cdot L^{-1}$
Ti(Ⅳ)$+e^- \rightleftharpoons$Ti(Ⅲ)	−0.01	$c(H_2SO_4)=0.4\ mol \cdot L^{-1}$
	0.12	$c(H_2SO_4)=4\ mol \cdot L^{-1}$
	−0.04	$c(HCl)=1\ mol \cdot L^{-1}$
	−0.05	$c(H_3PO_4)=1\ mol \cdot L^{-1}$

附录 12 常见离子和化合物的颜色

一、有特征颜色的常见化合物

红色	甲基橙在 pH ≤3.1 的环境中，石蕊在 pH ≤5.0 的环境中，酚酞在 pH ≤10.0 的环境中，NO_2(红棕)，Br_2(g)(红棕)，Br_2(l)(深红棕)，Fe_2O_3(红棕)，Cu_2O(砖红)，HgO，Pb_3O_4，硫氰合铁配合物系列，$Fe(OH)_3$(红褐)，Cu(紫红)，品红，红磷(暗红)，$MnSO_4 \cdot 7H_2O$ 等锰盐(粉红)，苯酚在空气中的氧化产物(粉红)
橙色	溴水，重铬酸盐，甲基橙在 3.1 <pH <4.4 的环境中，氯金酸
黄色	PbO，AgI，PbI_2，铬酸盐，Ag_3PO_4，FeS_2，铁盐溶液，Al_2S_3，甲基橙在 pH ≥4.4 的环境中，含苯环的蛋白质遇浓硝酸
淡黄色	单质硫，Na_2O_2，AgBr(浅黄)，TNT(2,4,6－三硝基甲苯)，PCl_5，混有 NO_2 的浓硝酸，混有 Fe^{3+} 的浓盐酸，混有 NO_2 的硝基苯，碘水
绿色	镍盐，亚铁盐(浅绿)，铬盐，某些铜盐如 $CuCl_2 \cdot 2H_2O$，碱式碳酸铜，F_2(浅黄绿)，Cl_2(黄绿)，新制氯水(黄绿)
蓝色	$CuSO_4 \cdot 5H_2O$，$Cu(NO_3)_2 \cdot 3H_2O$，大多数铜盐溶液，$Cu(OH)_2$(天蓝)，液氧(淡蓝)，直链淀粉遇碘，石蕊在 pH ≥8.0 的环境中
紫色	高锰酸盐(紫黑)，I_2(紫黑)，I_2 的四氯化碳溶液，I_2 的苯溶液，苯酚合铁配合物
棕褐色	$FeCl_3 \cdot 6H_2O$(棕)，$CuCl_2$(棕)，I_2 的碘化钾溶液(KI_3)(棕)，碘酒(褐)，$Fe_2O_3 \cdot xH_2O$(铁锈)(褐)
黑色	CuO，FeO，Fe_3O_4，MnO_2，FeS，CuS，Cu_2S，Ag_2S，PbS，Ag_2O，木炭，绝大多数金属粉末(灰黑)，晶体硅，石油

二、常见离子的颜色

无色阳离子	Ag^+,K^+,Ca^{2+},Pb^{2+},Zn^{2+},Na^+,NH^{4+},Ba^{2+},Hg^{2+},Mg^{2+},Al^{3+},Sn^{2+},Sn^{4+}
有色阳离子	Mn^{2+}浅玫瑰色,稀溶液无色;$[Fe(H_2O)_6]^{3+}$淡紫色,常见含Fe^{3+}溶液为黄色;Fe^{2+}浅绿色,稀溶液无色;Cr^{3+}绿色或紫色;Co^{2+}玫瑰色或粉红色;Ni^{2+}绿色;Cu^{2+}(实际上是$[Cu(H_2O)_4]^{2+}$)蓝色;$[Cu(NH_3)_4]^{2+}$深蓝色
无色阴离子	${SO_4}^{2-}$,${PO_4}^{3-}$,F^-,SCN^-,${C_2O_4}^{2-}$,${SO_3}^{2-}$,Cl^-,${NO_3}^-$,S^{2-},Br^-,${NO_2}^-$,${ClO_3}^-$,${CO_3}^{2-}$,${SiO_3}^{2-}$,I^-,CH_3COO^-,${BrO_3}^-$
有色阴离子	${Cr_2O_7}^{2-}$橙色;${CrO_4}^{2-}$黄色;${MnO_4}^-$紫色;${MnO_4}^{2-}$墨绿色;$[Fe(CN)_6]^{4-}$黄绿色;$[Fe(CN)_6]^{3-}$黄棕色;$[CuCl_4]^{2-}$黄色

附录 13　常用缓冲溶液的配制

(一)邻苯二甲酸-盐酸缓冲液(0.05 mol・L^{-1})

X mL 0.2 mol・L^{-1} 邻苯二甲酸氢钾+Y mL 0.2 mol・L^{-1} HCl,再加水稀释至 20 mL

pH(20℃)	X	Y	pH(20℃)	X	Y
2.2	5	4.670	3.2	5	1.470
2.4	5	3.960	3.4	5	0.990
2.6	5	3.295	2.6	5	0.597
2.8	5	2.642	3.8	5	0.263
3.0	5	2.032			

邻苯二甲酸氢钾分子质量=204.23;0.2 mol・L^{-1} 邻苯二甲酸氢钾溶液为 40.85 g・L^{-1}。

(二)柠檬酸-柠檬酸钠缓冲液(0.1 mol・L^{-1})

pH	0.1mol・L^{-1} 柠檬酸/mL	0.1mol・L^{-1} 柠檬酸钠/mL	pH	0.1mol・L^{-1} 柠檬酸/mL	0.1mol・L^{-1} 柠檬酸钠/mL
3.0	18.6	1.4	5.0	8.2	11.8
3.2	17.2	2.8	5.2	7.3	12.7
3.4	16.0	4.0	5.4	6.4	13.6
3.6	14.9	5.1	5.6	5.5	14.5
3.8	14.0	6.0	5.8	4.7	15.3
4.0	13.1	6.9	6.0	3.8	16.2
4.2	12.3	7.7	6.2	2.8	17.2
4.4	11.4	8.6	6.4	2.0	18.0
4.6	10.3	9.7	6.6	1.4	18.6
4.8	9.2	10.8			

柠檬酸:$C_6H_8O_7 \cdot H_2O$ 分子质量=210.14 ;0.1 mol・L^{-1} 溶液为 21.01 g・L^{-1}。

柠檬酸钠:$Na_3C_6H_5O_7 \cdot 2H_2O$ 分子质量=294.12 ;0.1 mol・L^{-1} 溶液为 29.41 g・L^{-1}。

（三）醋酸-醋酸钠缓冲液（0.2 mol·L^{-1}）

pH (18℃)	0.2 mol·L^{-1} NaAc/mL	0.2 mol·L^{-1} HAc/mL	pH (18℃)	0.2 mol·L^{-1} NaAc/mL	0.2 mol·L^{-1} HAc/mL
3.6	0.75	9.35	4.8	5.90	4.10
3.8	1.20	8.80	5.0	7.00	3.00
4.0	1.80	8.20	5.2	7.90	2.10
4.2	2.65	7.35	5.4	8.60	1.40
4.4	3.70	6.30	5.6	9.10	0.90
4.6	4.90	5.10	5.8	6.40	0.60

NaAc·$3H_2O$ 分子质量=136.09；0.2 mol·L^{-1} 溶液为 27.22 g·L^{-1}。冰乙酸 11.8 mL 稀释至 1 L(需标定)。

（四）磷酸盐缓冲液磷酸氢二钠-磷酸二氢钠缓冲液（0.2 mol·L^{-1}）

pH	0.2 mol·L^{-1} Na_2HPO_4/mL	0.2 mol·L^{-1} NaH_2PO_4/mL	pH	0.2 mol·L^{-1} Na_2HPO_4/mL	0.2 mol·L^{-1} NaH_2PO_4/mL
5.8	8.0	92.0	7.0	61.0	39.0
5.9	10.0	90.0	7.1	67.0	33.0
6.0	12.3	87.7	7.2	72.0	28.0
6.1	15.0	85.0	7.3	77.0	23.0
6.2	18.5	81.5	7.4	81.0	19.0
6.3	22.5	77.5	7.5	84.0	16.0
6.4	26.5	73.5	7.6	87.0	13.0
6.5	31.5	68.5	7.7	89.5	10.5
6.6	37.5	62.5	7.8	91.5	8.5
6.7	43.5	56.5	7.9	93.0	7.0
6.8	49.0	51.0	8.0	94.7	5.3
6.9	55.0	45.0			

Na_2HPO_4·$2H_2O$ 分子质量=178.05；0.2 mol·L^{-1} 溶液为 35.61 g·L^{-1}。

Na_2HPO_4·$12H_2O$ 分子质量=358.22；0.2 mol·L^{-1} 溶液为 71.64 g·L^{-1}。

NaH_2PO_4·H_2O 分子质量=138.01；0.2 mol·L^{-1} 溶液为 27.6 g·L^{-1}。

NaH_2PO_4·$2H_2O$ 分子质量=156.03；0.2 mol·L^{-1} 溶液为 31.21 g·L^{-1}。

（五）硼酸-硼砂缓冲液（0.2 $mol \cdot L^{-1}$ 硼酸根）

pH	0.05 $mol \cdot L^{-1}$ 硼砂/mL	0.2 $mol \cdot L^{-1}$ 硼酸/mL	pH	0.05 $mol \cdot L^{-1}$ 硼砂/mL	0.2 $mol \cdot L^{-1}$ 硼酸/mL
7.4	1.0	9.0	8.2	3.5	6.5
7.6	1.5	8.5	8.4	4.5	5.5
7.8	2.0	8.0	8.7	6.0	4.0
8.0	3.0	7.0	9.0	8.0	2.0

硼砂：$Na_2B_4O_7 \cdot 10H_2O$ 分子质量＝381.43；0.05 $mol \cdot L^{-1}$ 溶液（0.2 $mol \cdot L^{-1}$ 硼酸根）为 19.07 $g \cdot L^{-1}$。

硼酸：H_3BO_3 分子质量＝61.84；0.2 $mol \cdot L^{-1}$ 的溶液为 12.37 $g \cdot L^{-1}$。

硼砂易失去结晶水，必须在带塞的瓶中保存。

（六）碳酸钠-碳酸氢钠缓冲液（0.1 $mol \cdot L^{-1}$）（此缓冲液在 Ca^{2+}、Mg^{2+} 存在时不得使用）

pH		0.1 $mol \cdot L^{-1}$ Na_2CO_3 /mL	0.1 $mol \cdot L^{-1}$ $NaHCO_3$ /mL
20℃	37℃		
9.16	8.77	1	9
9.40	9.22	2	8
9.51	9.40	3	7
9.78	9.50	4	6
9.90	9.72	5	5
10.14	9.90	6	4
10.28	10.08	7	3
10.53	10.28	8	2
10.83	10.57	9	1

$Na_2CO_3 \cdot 10H_2O$ 分子质量＝286.2；0.1 $mol \cdot L^{-1}$ 溶液为 28.62 $g \cdot L^{-1}$。

$NaHCO_3$ 分子质量＝84.0；0.1 $mol \cdot L^{-1}$ 溶液为 8.40 $g \cdot L^{-1}$。

附录 14　某些试剂溶液的配制

试剂	配制方法
0.1 $mol \cdot L^{-1}$ 三氯化铋 $BiCl_3$	溶解 31.6 g $BiCl_3$ 于 330 mL6 $mol \cdot L^{-1}$ HCl 中，加水稀至 1 L
0.1 $mol \cdot L^{-1}$ 三氯化锑 $SbCl_3$	溶解 22.8 g $SbCl_3$ 于 330 mL 6 $mol \cdot L^{-1}$ HCl 中，加水稀至 1 L
0.1 $mol \cdot L^{-1}$ 氯化亚锡 $SnCl_2$	溶解 22.6 g $SnCl_2 \cdot 2H_2O$ 于 330 mL $mol \cdot L^{-1}$ HCl 中，加水稀释至 1 L，加入数粒纯锡，以防氧化
0.1 $mol \cdot L^{-1}$ 硝酸汞 $Hg(NO_3)_2$	溶解 33.4 g $Hg(NO_3)_2 \cdot H_2O$ 于 0.6 $mol \cdot L^{-1}$ HNO_3 中，加水称释至 1 L
0.1 $mol \cdot L^{-1}$ 硝酸亚汞 $Hg_2(NO_3)_2$	溶解 56.1 g $Hg_2(NO_3)_2 \cdot 2H_2O$ 于 0.6 $mol \cdot L^{-1}$ HNO_3 中，加水稀释至 1 L，并加入少许金属汞
1 $mol \cdot L^{-1}$ 碳酸铵 $(NH_4)_2CO_3$	96 g 研细的 $(NH_4)_2CO_3$ 溶于 1 L 2 $mol \cdot L^{-1}$ 氨水
硫酸铵 $(NH_4)_2SO_4$	50 g $(NH_4)_2SO_4$ 溶于 100 mL 热水，冷却后过滤

续附录 14

试剂	配制方法
0.5 mol·L^{-1} 硫酸亚铁 $FeSO_4$	溶解 69.5 g $FeSO_4 \cdot 7H_2O$ 于适量水中，加入 5 mL 18 mol·L^{-1} H_2SO_4，再用水稀释至 1 L，置入小铁钉数枚
0.1 mol·L^{-1} 六羟基锑酸钠 $Na[Sb(OH)_6]$	溶解 12.2 g 锑粉于 50 mL 浓 HNO_3 中微热，使锑粉全部作用成白色粉末，用倾泻法洗涤数次，再加入 50 mL 6 mol·L^{-1} NaOH，使之溶解，稀释至 1 L
六硝基钴酸钠 $Na_3[Co(NO_2)_6]$	溶解 230 g $NaNO_2$ 于 500 mL H_2O 中，加入 165 mL 6 mol·L^{-1} HAc 和 30 g $Co(NO_3)_2 \cdot 6H_2O$ 放置 24 h，取其清液，稀释至 1 L，并保存在棕色瓶中。此溶液应呈橙色，若变成红色，表示已分解，应重新配制
2 mol·L^{-1} 硫化钠 Na_2S	溶解 240 g $Na_2S \cdot 9H_2O$ 和 40 g NaOH 于水中，稀释至 1 L
0.1 mol·L^{-1} 钼酸铵 $(NH_4)_6Mo_7O_{24} \cdot 4H_2O$	溶解 124 g $(NH_4)_6Mo_7O_{24} \cdot 4H_2O$ 于 1 L 水中，将所得溶液倒入 1 L 6 mol·L^{-1} HNO_3 中，放置 24 h，取其澄清液
3 mol·L^{-1} 硫化铵 $(NH_4)_2S$	取一定量氨水，将其均分为两份，往其中一份通硫化氢至饱和，而后与另一份氨水混合
铁氰化钾 $K_3[Fe(CN)_6]$	取铁氰化钾为 0.7～1 g 溶解于水，稀释至 100 mL(使用前临时配制)
铬黑 T	将铬黑 T 和烘干的 NaCl 按 1∶100 的比例研细，混合均匀，贮于棕色瓶中
二苯胺	将 1 g 二苯胺在搅拌下溶于 100 mL 密度 1.84 g·cm^{-3} 硫酸或 100 mL 密度 1.70 g·cm^{-3} 磷酸中(该溶液可保存较长时间)
镍试剂	溶解 10 g 镍试剂(二乙酰二肟)于 1 L 95%的酒精中
镁试剂	溶解 0.01 g 镁试剂于 1 L 1 mol·L^{-1} NaOH 溶液中
铝试剂	1 g 铝试剂溶于 1 L 水中
镁铵试剂	将 100 g $MgCl_2 \cdot 6H_2O$ 和 100 g NH_4Cl 溶于水中，加 50 mL 浓氨水，用水稀释至 1 L
奈氏试剂	溶解 115 g HgI_2 和 80 g KI 于水中，稀释至 500 mL，加入 500 mL 6 mol·L^{-1} NaOH 溶液，静置后，取其清液，保存在棕色瓶中
五氰氧氮合铁(Ⅲ)酸钠 $Na_2[Fe(CN)_5NO]$	10 g 钠亚硝酰铁氰酸钠溶解于 100 mL 水中。保存于棕色瓶内，如果溶液变绿就不能用
格里斯试剂	(1)在加热下溶解 0.5 g 对一氨基苯磺酸于 50 mL 30% HAc 中，贮于暗处保存； (2)将 0.4 g 萘胺与 100 mL 水混合煮沸，在从蓝色渣滓中倾出的无色溶液中加入 6 mL 80% HAc 使用前将(1)、(2)两液等体积混合
打萨宗(二苯缩氨硫脲)	溶解 0.1 g 打萨宗于 1 L CCl_4 或 $CHCl_3$ 中
甲基红	每升 60%乙醇中溶解 2 g
0.1%甲基橙	每升水中溶解 1 g

续附录 14

试剂	配制方法
酚酞	每升 90%乙醇中溶解 1 g
溴甲酚蓝(溴甲酚绿)	0.1 g 该指示剂与 2.9 mL 0.05 mol·L^{-1} NaOH 一起搅匀,用水稀释至 250 mL;或每升 20%乙醇中溶解 1 g 该指示剂
石蕊	2 g 石蕊溶于 50 mL 水中,静置一昼夜后过滤。在溴液中加 30 mL95%乙醇,再加水稀释至 100 mL
氯水	在水中通入氯气直至饱和,该溶液使用时临时配制
溴水	在水中滴入液溴至饱和
0.01%碘水	溶解 1.3 g 碘和 5 g KI 于尽可能少量的水中,加水稀释至 1 L
品红溶液	0.1%的水溶液
0.2%淀粉溶液	将 0.2 g 淀粉和少量冷水调成糊状,倒入 100 mL 沸水中,煮沸后冷却即可
NH_3-NH_4Cl 缓冲溶液	20 g NH_4Cl 溶于适量水中,加入 100 mL 氨水(密度为 0.9 g·cm^{-3}),混合后稀释至 1 L,即为 pH=10 的缓冲溶液

参考文献

[1] 赵士铎.普通化学.北京:中国农业大学出版社,2007.

[2] 赵新华.无机化学实验.北京:高等教育出版社,2014.

[3] 李华民,蒋福宾,赵云岑.基础化学实验操作规范.北京:北京师范大学出版集团,2017.

[4] 孙英.普通化学实验.北京:中国农业大学出版社,2009.

[5] 武汉大学化学与分子科学学院实验中心.无机化学实验.武汉:武汉大学出版社,2012.

[6] 牟文生.无机化学实验.北京:高等教育出版社,2014.